青少年 科普图书馆

U0395674

世界科普巨匠经典译丛·第五辑

Xunfu Renxing de Ziran

驯服任性的自然

（苏）米·伊林 著　毛吉鹏 编译

上海科学普及出版社

图书在版编目（ＣＩＰ）数据

驯服任性的自然 /（苏）米·伊林著；毛吉鹏编译 .—上海：上海科学普及出版社，2015.1（2021.11 重印）

（世界科普巨匠经典译丛·第五辑）

ISBN 978-7-5427-6275-7

Ⅰ.①驯… Ⅱ.①米… ②毛… Ⅲ.①自然科学—科普读物 Ⅳ.① N49

中国版本图书馆 CIP 数据核字 (2014) 第 240975 号

责任编辑：李　蕾

世界科普巨匠经典译丛·第五辑

驯服任性的自然

（苏）米·伊林 著　毛吉鹏 编译

上海科学普及出版社出版发行

（上海中山北路 832 号 邮编 200070）

http://www.pspsh.com

各地新华书店经销　三河市金泰源印务有限公司印刷

开本 787×1092 1/12　印张 14　字数 168 000

2015 年 1 月第 1 版　2021 年 11 月第 2 次印刷

ISBN 978-7-5427-6275-7　定价：32.80 元

目 录

第05章 **驯服大自然**

第 01 章

·河流、海洋与雪山·

发洪水的河流，如同一个在床上辗转反侧的高烧病人，看护这样的病人可不能漫不经心，难道说水文观测者必须24小时不吃不喝地守护着它？

河流的 戏 剧

现在，我带大家一起去观察一下河流里的水。

我们面前是一座塔形大厦，呈四角形，塔顶摆满各种仪器，有测量风速的，也有测量风力的。

这就是著名的中央水文气象预报研究所，但这里仅仅是观察水文测量的最后一个环节，而我们对前面的环节可以说是一无所知，这种知识储备怎么能跟我们的预言家——水文预报家们对话呢？

所以我们还是先去参观一下前面的环节——水文测量站。每天从早上8点一直到晚上8点，水文站的观测工作人员都会去河边进行观测。测量河水的水位是他们的第一项工作。

一般水文站附近的河底会立一根木桩，木桩上固定着一个标有刻度的标尺。当然也有的标尺是固定在河边的岩石或桥墩上。测量水位这个工作看起来似乎很简单，就是看一下河水淹没标尺的哪一个刻度，然后把这个数字记录在小本上即可。然而我们看到的只是表面，如果深入研究的话，就会发现事情并没有这么简单。

首先这个刻度是从哪里开始标注呢？你会说当然是从标尺的零

▲ 水文标尺

点开始的。但标尺的零点应该定在什么位置？如果干旱的时候水位低于标尺零点又该如何测量？难道要把标尺再往下挪一些吗？显然如果这样做的话，之前所测得的所有数据就会有很大的误差。

所以在记录前，需要找一个永久的零点，不管水位有多低，这个点都会淹没在水下。比如我们可以在河底打上一个木桩，不管多干旱，这个木桩都不会露出水面，这样木桩的顶端就可以作为测量的"零点"。

但是这个"零点"还是有可能移动的。首先河水不是一成不变的，它无时无刻不在向下游流动。它会将河床冲刷得越来越低，时间长了，水面还是有可能低于木桩；或者它会带来沙土填埋河床，最后将木桩也掩埋在泥沙里；另外，如果木桩倾斜，这个"零点"的高度也会发生变化。

▲ 水文站

为了准确测量水位，我们需要在岸边找一个永恒不变的据点。假如选择石头作为据点可不是个明智的选择，因为即使是石头也可能被风化而破碎。我们当然可以找更结实的岩石，也可以找一些永久建筑的大厦，但这还不够，我们还要在岩石或大厦的地基上镶嵌一个铸铁的圆盘或圆管，圆盘的边缘或圆管的上端就可以做这个固定的据点，所有水位的变化都是以这个据点作为比较的标准。可是这样又会产生新问题：究竟该如何进行比较呢？

这时你需要有专业的测量水位的知识，以及一个复杂的水位测量仪。在据点的铸铁盘上立上一根标尺，透过水位测量仪的圆筒，分别望着这根标尺

 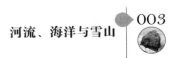

和河里的标尺，如此一来便能比较出据点与零点的高低变化。

但我们的工作并没有结束，因为不同的水文站，永久据点的高度是不同的。有的据点高，有的据点低，有的水文站在山上，有的水文站却在平原，而我们的数据需要在所有水文站之间彼此进行横向比较，这样才能得出客观的结论。

不过我们还是面临一个老问题：怎样才能找出一个所有水文站共同的标准零点？这样所有的水位都可以跟这个标准零点来做比较。

显然，我们第一个想到的会是海平面。很早以前，地理学家就已经开始利用海平面为基准来测量山的高度，当然也用海平面来衡量地面上任一个别的据点的高度，可以说全世界所有地理测量都是以"海拔"作为测量标准的。

可是海平面的高度也不完全一样，有的海平面高，有的海平面低，拿地中海来说，地中海就比黑海低 50 厘米左右，比大西洋低 30 厘米左右。而且同一片海的海平面也不是一成不变的，近海的海平面高，远海的海平面低。于是我们好不容易发现的一个标准零点又被我们自己否定了，这该怎么办？

我们可以规定某一个水位作为标准水位，所有别的水位都跟它来做比较。苏联西部的标准水位是芬兰湾口喀琅斯坦德的平均水位，那里有一个大名鼎鼎的据点——喀琅斯坦德水位测量仪和观潮仪的零点。即便是列宁格勒、阿肯基尔和莫斯科这样著名的城市，都是以它为基准来测量高度或深度的。苏联东部我们规定标准水位是太平洋的平均水平面，南部则规定标准水位是黑海的平均水平面。

水文观测者测量水位后又测了水温，这些都观测完后，他把数据记录在小本上，这时他猛然发现：跟之前的数据比，水位不但涨了，而且涨的幅度很大。洪水已经在河道里泛滥，这时每天记录两次水位已远远不够，需要每小时甚至半小时就记录一次，并尽快把这次水灾的最新数据报告给每一个需要它的人们。

普希金曾经写过这样一首诗：

> 涅瓦河辗转着，像一个病人
> 躺在自己不安适的床铺上……

发洪水的河流，如同一个在床上辗转反侧的高烧病人，看护这样的病人可不能漫不经心，难道说水文观测者必须 24 小时不吃不喝地守护着它？

当然不用，其实河流自己也会观察并记录水位。我们可以在河上的小岛、桥墩、破冰船，或者一条小沟里搭一个小棚子，小棚子里放上一台能自动之作的机器。这个机器能自动测量并记录水位，我们把它叫做自动记录水位仪。

自动记录水位仪的工作原理是这样的：在水里放一个浮标，浮标的升降可以带动齿轮转动，齿轮上绑着一支铅笔或水笔头，这样当水位变化的时候，笔头就会在纸上画出当前的水位来。也有的自动记录水位仪是不用浮标的，而是将一个钟形的罩子放在水里，上端用一根软管连接到活塞，水位起伏的时候，钟罩里的空气就会通过软管压缩或拉伸活塞，这个活塞同样可以带动笔头记录当前水位。

现在很多水文站都安装了这样的机器，它们不知疲倦，每天尽职尽责地做着这种千篇一律的工作，这样水文观测者就不必全天候地守在工作岗位上，只需偶尔去观测一下，就像去邻居家串串门那样简单。

▲ 水力发电站

 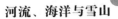

当然去邻居家串门也是需要时间的，尤其是当自动记录水位仪的"家"与水文站相距遥远的时候更明显。还有一种情况是有时水位变化非常剧烈，这种变化有可能影响到水力发电站的正常工作。无法及时预测洪水，对于城市里的居民将是一个巨大的灾难。这时的每分每秒都会十分紧迫。

于是，我们还要给自动记录水位仪增派一项新任务：随时向水文站报告数据。我们在水文站和自动记录水位仪之间拉上一条数百米甚至数千米长的电线，按照我们的设定，自动记录水位仪就可以每隔一段时间，就自动向水文站报告当前的水位，并把这个时间和水位记录在纸带上。当然也可以不拉电线，用无线电的方式来传输这些数据。

观测水位只是水文观测站一项工作，水文观测者要关心河流的整体生活状态，无论春夏秋冬，它都要像关心自己的孩子一样密切注视着这条河流。

比如河流是否诞生了新的"孩子"——支流？春汛时河水有没有淹没河湾的草地，深秋时河岸哪天开始结冰……

随着天气的持续降温，两岸不断延伸的冰便会在河中央"接头"，掌管冬天之神为自己在河面上搭起一座冰做的桥，这座桥会一直存在，直到它把权力移交给春天。

当河里的水再次流动起来时，水面上开始有很多浮冰在流动，表面看起来它们好像是一模一样的，但是仔细看去却又感觉似乎每块浮冰都有不同，可惜我们很难找出一些词语来准确地描绘出它们的不同点。在一般人的眼里，这些浮冰只有大小的不同，但是在专业观测者眼里，它们却被分成不同类型的冰，如片状、棒状、饼状冰，碎冰等等。

那一片片的层冰就是片状冰；棒状冰是年轻态的冰块；饼状冰的体积最大，好像一块用冰摊出来的大饼，只有胃口足够大的河流才能吞得下去。观测者们还有一些用来形容冰的专业术语，比如"冰抬起来了"，或者"冰色变深了"。你听了可能不知所云，但是他们却心有灵犀，相互明白对方到底在说什么暗语。

观测者的专业术语里，还有一些更生动活泼。如猪油冰、薄脆冰、水底冰、积冰……真的很难想象那些观测者是如何想到这么恰当的字眼来形容冰块的，他们是一群热爱生活、善于观察生活的人。在我们这些外行人眼里，河流的开冻和封冻，就如同我们吃饭睡觉一样简单，但是在水文专家的眼里却像一出完整的戏剧。

当春天的阳光普照大地，将热量撒在漫山遍野的积雪上时，河里的冰却没能感觉到阳光的温暖。它身上盖着一床厚厚的"鹅绒被"，正懒洋洋地蒙头大睡。可过不了多久，酣睡者就会被唤醒，冰晶开始消融、膨胀，出现了大量气泡。空气一天比一天暖和，"鹅绒被"终于被化成了水，冰赤裸裸地袒露在娇艳的太阳下。雪水调皮地寻找着冰"最痒"的地方——冰上那一条条缝隙，它们甘愿做太阳的助手，一刻不停地挠着冰，缝隙被冲刷得越来越长，越来越大。渐渐地，冰开始变成蜂巢的模样了。

在河底的大后方，土壤也在向河里渗着地下水，帮助太阳从下面融解着冰。春天看起来很快就要打胜仗了，它的同盟军——暖热的雪水慌不择路，从溪谷和洼地浩浩荡荡地奔向河流，河面就像一朵含苞欲放的花蕾，在春风拂面下渐渐膨胀起来，曾经坚硬无比的冰开始变得轻盈起来，它漂浮起来，不再是昏昏欲睡的懒汉，成了婀娜多姿的少女，扭动着腰肢翩翩起舞。一开始，大片大片的冰层顺着河流往下漂浮，慢慢地就被撕裂成一块块很小的冰块。直到这个时候，我们才猛然醒悟，原来河流已经开冻，流水的时代来临了。

▲ 冰雪融化

我们看到的只是这出

戏的结剧局，精彩的开场白和中间的 5 幕好戏我们全都遗憾地错过了。但水文站的观测者们却没有漏过其中的任何一场表演，他们用精确的语言、准确的数据和标准的符号把这幕戏完整地记录下来。让我们一起翻看一下他们记录的剧本上写的内容：

第一幕：冰面上的雪开始融化；

第二幕：河面上的冰开始融化；

第三幕：雪水和冰水合抬冰块；

第四幕：冰开始屈臂伸腿动弹；

第五幕：河流开冻了；

结　局：流水的时代。

河流的回答

假如只在水文测量站或水文测量所观察河水和冰雪的生活显然是不够的。有时我们需要沿着河流的上下游深入考察一番。尤其是封冻和开冻的关键时该，也许上游还没有任何迹象，可下游的冰却已开始融化。

有时我们还会派出侦察飞机，或者是人数众多的科考队，他们沿着河流测绘出冰雪厚度的地形图。水文学家们有属于自己的语言，一种图画和符号的语言：三角代表冰块，封闭图形代表猪油冰，封闭图形里画上波纹线则表示这个地方已经开冻。填表的时候却是另外一套语言：一个小条代表猪油冰，一个小星星代表薄脆冰，一个画满线条的三角形代表着积冰，一个长方形代表河水开冻后最早航行的轮船和河水封冻前最后航行的轮船，一个画满线条的圆则代表的是流水。

不同的人对于河流都有自己关心的话题：船夫们、筑桥工程师们和水文学家们都想知道水位有多高，冰有多厚；水力发电专家和城市自来水的输送

▲ 一泓小泉

专家们最关心河流的水量有多大。所以他们给河流提了好多问题，比如河流每秒钟向下游流过多少水，而它能供给我们消费的水量又有多少。

如果我们面对的是一眼小泉水，问题就简单了，我们可以拿一只水桶将小泉的水全部接住，然后用手表定时间，就会知道多长时间内泉水可以把水桶注满。如果我们面对的是小溪或小河，这个会复杂一些，但我们还可以在上游筑一个水坝，在水坝上安装一个水闸，让所有的水只能从这个闸口中流出，通过测量闸口的宽度和流水的速度来计算每秒钟往下游流过的水量。

但是如果不是泉水，也不是小河小溪，而是像伏尔加河和第聂伯河那样的大江大河又会怎样？如果也能在它们里面筑一道水坝当然是最好不过，但是我们总不能仅仅为了知道它们流了多少水，而花费如此昂贵的代价。因此，我们就需要另辟蹊径。

河水其实跟川流不息的人流是一样的，在宽阔的大街上可以同时通行很多人，而在狭窄的胡同里，通行能力就会弱很多。当然这不是唯一的因素，如果大街上的人都慢腾腾的，而胡同里的人都疾步如飞，同样时间里胡同通过的人或许比大街上的还要多。

 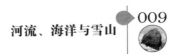

河水也是一样的，在宽厚的河床里，水的流量就大，而在狭窄的河床里，水的流量就小。但这只是在水速相同的情况下，如果狭窄河床里的水速足够快，水的流量甚至可以超过宽厚河床的流量。所以要想知道河水的流量，必须知道它的速度，以及河床横剖面的大小。

横剖面的测量相对容易一些，我们有标尺、标杆等工具，但速度怎么测呢？你首先想到的肯定是往水里扔一块小木板或者小纸片这类的东西，然后盯着手表记录，看看这个"小舟"能在多长时间里走完这一段距离。如果你想到了这一点，说明你真的很聪明。

可是我不得不提醒你，河水的流速在各个地方是不一样的。河岸比河中央的水流要慢，河底比河面的水流要慢。如果你童年的时候放过纸船或小木船，你可能深有体会，我们需要费尽九牛二虎之力，才能将小船从岸边的死水驱赶至河中央。所以我们不能只在一个地方测量流速，需要在离岸边不同的位置和离水面和水底不同的深度分别测量。测水面的流速我们可以用一个浮标，而测量深水中的流速，需要在浮标上再绑上一个浮标，浮标可以是密封瓶、金属球或水桶做成。下面的浮标随着深水在前进，上面的浮标只是为了让我们看到下面浮标的位置。

▲ 河流浮标

眼看河流马上就要回答出我们的问题，这时风却出来捣乱。它们吹着浮标加速向上游或者下游移动，不让河水好好地给出我们准确的答案。难道狂风暴雨的时候我们没法测量河水的流量吗？这时可是最需要河流回答我们问题的时候。

别担心，我们还有比浮标更先进

的仪器,它有一个漂亮的名字——"回转测速仪",如果说浮标是玩具一样的"小舟"的话,那么回转测速仪就是现代化的"潜水艇",它可以潜入河流的任何一个点去测流速,准确性却比浮标高出许多倍。它身体呈流线型,前面有个可以旋转的螺旋桨,后面还拖着个小尾巴。

水推动回转测速仪的螺旋桨转动,水流快的时候螺旋桨转动得快,水流慢的时候螺旋桨则转动得慢。每转动1圈或者25圈,回转测速仪里的信号机关电铃响就会及时地响起1次。岸边的人们只要数着秒数和铃声的次数,就可以计算那个位置水的流速是多少。

这还只是河流的"口试",我们还可以对它进行"笔试"。更先进的回转测速仪可以自动记录铃声的次数,甚至好几个地方的回转测速仪都可以同时记录,观测者只要根据记录的信号数据就可以知道各个点的水速。

在方格子纸上,河流的剖面图也已经画好,水速的曲线标示在这张图上,水文学家们开始忙碌起来,他们通过水速曲线,在剖面图上画出了流量曲线,再根据流量曲线最终计算出河流在每秒钟内流过了多少立方米的水。

当然这个过程中还有好多设备也提供给水文学家们,比如计算器、测量器等。各种仪器把水文学家们武装起来,他们逼着河流通过口试和笔试的方式,把他们关心的所有问题都准确地回答出来。从河流的上游一直到河流的入海口,我们都能看到这些忙碌着的人们,他们认真仔细地观察着河流的一举一动。

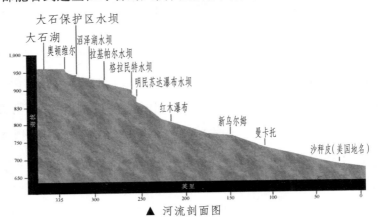

▲ 河流剖面图

蔚蓝的海洋

　　大自然是很任性的，当你乘坐的轮船航行在大海上的时候，这种感觉会更加明显。在船上，大自然无时无刻不在提醒着它的存在。船舱里的东西好像突然都变成活物，它们再也不愿意听从你的摆布，随着波涛的节奏跳起爵士舞来，皮箱撞疼了你的肚子，汤碟把里面的汤汁泼洒在你身上，好像它们静止的时间太长，现在想要全部弥补回来似的。

　　当你平安靠岸的时候，你肯定不会大言不惭地自认为是一个征服了海洋的胜利者，还没听说过哪个征服者被晕船搞得上吐下泻的。船舱里的东西无一不在欢蹦乱跳，唯独你只能一动不动，不敢有丝毫额外的动作。

　　但这些普通的风浪在暴风浪面前不值一提。我们还没有听说过晕船死人的，但暴风浪可以让一个无比健康的人葬身海底。苏联的海岸边居民流传着这一首关于海洋的歌：

　　　　你在给他穿衣，你在给他穿鞋呀，蔚蓝的海哟！
　　　　你在给他洗身，你在埋葬他呀，蔚蓝的海哟！

　　在远古的帆船时代，水手们很少有在陆地上老死的。即使是现代社会，暴风浪也是水手们最担心的事情之一。大海即使是在最安静的时候，也能做出很多让人类觉得自己非常脆弱的事情来。1912 年，不可一世的"泰坦尼克"就是在没有一丝风的海面上，非常平静地沉没了。我们找到了一个幸存者写的回忆录，其中有这么几个小段：

　　　　"轮船上一片寂静，甲板上空无人迹。已经是 11 点 30 分，差不多

▲ 英国豪华客轮泰坦尼克号

所有的乘客都睡觉去了。突然一下震动，整个船身都战栗起来，发出了破裂声。从船桥上传来一阵奇怪的、尖锐的啸音。之后，又恢复了一片寂静。

"在交际室里，4位乘客手里握着纸牌呆住了。后来好容易他们中间的一位站起来，走到小窗口，他惊恐地喊了出来：'冰块……我们撞上了……我们要完了……'

"那时，大家都向甲板奔去。在黑暗里只听见混乱的脚步声，人们拼命地跑，但不知该向哪里跑，只知道是在逃避死神。轮船歪了过去，下面的机器突然停止了响动，而人们的哭喊声此时却更大了，军官们在安慰群众。忽然间响起了音乐，乐队在吹奏圆舞曲、波尔卡舞曲和进行曲。听了音乐，心灵上更觉得恐惧。

"船长的声音在说着：'把救生船放到水里去！'这时候大家都知道了危险性确实很大。甲板上传来嘶哑的呻吟声，大家又重新慌张起来。第一只小船已经把女人和小孩载到了大海里……

河流、海洋与雪山

"在静静的水里，轮船仿佛举行宴会似的把灯火点得通亮，在透明的大冰块之间，它显得庞大了。它轻快地向前方倾斜，浸入水里。在整整的一个钟头之间，千百个声音在同声做求救的祈祷。

　　"甚至于轮船开始向水里沉没的时候，无线电收发员们还在继续发出遇难求救的信号。音乐师们继续吹奏，继续到最后一刹那。2200 名乘客之中只有 675 人得以生还……"

　　即使我们是在海岸上的家里，也并不意味着就是高枕无忧的，大海同样可以肆无忌惮地伤害我们。1931 年冬天，克里米亚岸边的两所两层石楼被卷进大海，阿卢卡的船码头和土阿柏斯的防浪堤也被毁坏，这都是暴风浪的杰作。

▲ 海浪也能如刀般雕刻坚硬的岩石

　　有一块岩石屹立在西梅兹附近，当人们去克里米亚旅游时，每次都能看到它，它屹立在那里已几千年了，人们亲切地称它为"修道士"。然而 1931 年人们再去旅行时，"修道士"不见了，代替它的是 3 块破裂的石头。无疑这也是暴风浪的杰作。

　　普希金也曾在克里米亚的岸边感叹过，"无拘无束的自然"有多么强大的破坏力，自然不仅是无拘无束的，而且异常任性，我们该怎样才能征服这任性的大自然呢？

　　很早以前人们就开始思考这个问题。人们常说："水火难容。"

发生火灾时我们可以用水来灭火，但风浪却没法用火来"熄灭"，我们知道"火上浇油"并不可取，但浇油却可以让海水稍微镇静一些，这里我们有求特切夫的诗为证：

> 向那暴动的大海里
>
> 浇着调停的橄榄油……

但这种对付海浪的方法还是车水杯薪，唯一的办法是把轮船拴在坚固的港口。但港口需要筑多坚固？我们必须先了解海浪，才能"知己知彼，百战不殆"，在跟海浪战斗前，我们必须先测量一下它到底有多大力气。

我们来看一看测量海浪打击力的仪器的结构。在一个盒子里装满甘油，上面是一层厚厚的橡皮膜，当海浪打在橡皮膜上的时候，挤压盒子里的甘油到一个管子里，管子里的活塞连着一台自动记录仪器。这样海浪就像拳击手一样一次次打在仪器上，仪器就能记下它每一次打击的力度。

测量海浪的打击力有什么用处呢？其实是给建造码头和防浪堤坝提供数据。盾要做得多坚实，取决于矛有多锋利。建造轮船也需要海浪的打击力数据，在不同海域航行的轮船，需要经受力度不同的海浪冲击。如果专门为某些特定海域建造的轮船，误闯了其他海域，它就有可能被巨浪拍打得粉身碎骨，最后葬身海底。

苏联有一个著名的海洋专家叫素雷金，他发明了一种仪器，可以"听"见海的声音。这种仪器是预报暴风浪来临前的音浪，音浪是我们人耳听不见的。并且他还发明了一种能在航行中记录海浪的仪器。这种仪器的结构很简单，但做起来却不那么容易。简单地说，素雷金在一个盒子上面蒙了一层薄薄的橡皮膜，当在大海中破浪前行时，轮船时而会爬升到巨浪的巅峰，这时因为气压降低，橡皮膜会向外鼓出。轮船时而又会跌落到两个巨浪中间的谷底，气压升高，橡皮膜又会向里压缩。我们人类要感受到气压相对于高度的变化，需爬上高山，那时你能感觉到气压差让我们产生的耳鸣。但这个仪器非常灵敏，即便是 1 米的高度差，它都能感觉出来。仪器里面有一个笔头，当轮船升高或降低 1 米的时候，笔头根据橡皮膜变化，会画出 1 厘米长左右的线段来。

这个仪器跟随着"特兰斯巴特号"去旅行，它们几乎一起走遍了全世界。它们穿过印度洋，越过中国的东海、南海，还穿越过了日本海。在整个行程中，仪器不停地描绘着各个海域的波涛，仿佛大海自己在写字。

印度洋的"笔迹"看起来十分均匀，中国南海的"笔迹"则显得不是那么规则，最潦草。不羁的"笔迹"当然属于中国东海和日本海。内行的人能通过它们龙飞凤舞的"笔迹"推算出这里的暴风浪有多大。

素雷金开始研究怎样造船才能减轻轮船在大海中的颠簸，他联合黑海水文物理研究所的同仁们，一起做"在一杯水扬起暴风浪"的试验。他们做了许多轮船的模型，有破冰船"叶尔马克号"，有摩托船"柴霍夫号"，而前者即使在大的暴风浪里也能稳如泰山，后者哪怕浪再小也能摇摆得很厉害。

◀ 叶尔马克号是第一艘能在北极航行的破冰船。它以俄罗斯著名探险家叶尔马克·齐莫菲叶维奇的名字命名。1898 年 10 月 17 日下水，直到 1964 年报废，曾经为俄罗斯、苏联海军和商船服务，成为服役时间最长的破冰船

素雷金采用微积分知识，经过复杂的推敲和计算，终于找到轮船建造的最优公式，从而发现了怎样建造轮船才能尽量减少船只的摇摆和颠簸。素雷金发现了轮船排水量最大化的船体轮廓的角度。而且他认为如果船舷做得很高，轮船就能更安全地航行。如果轮船过小，则只好呆在港口，等风平浪静后再选择航行。

所以我们需要在港口和码头观察海浪的高度，最好能测量它。这个工作非沿海的观测站不可。那我们的水文学家采用什么方法来测量海浪呢？

海浪瞬息万变，一会儿站立潮头，一会儿又隐身海底，比较简单的办法是在海里竖立一只带有醒目刻度的水位仪，或者在海里放一个随波涛起伏的浮标，岸上的人们用装着比例尺的望远镜观察它们。同样也可以让海浪自己画图，在浮标的顶端装一个光源，用摄像机把它拍摄做成电影。

这只是看得见的海浪，还有一种我们看不见的海浪，南森就遇到过这种海浪。当年他乘坐"弗莱姆号"去航行，在海峡或者河流的入海口，"弗莱姆"使尽浑身解数，也走不出那片"死海"，好像有股神奇的力量在挽留它。这又是怎么回事呢？

学者爱克曼揭开了这个谜底。他做了一个试验：在实验室做了一个人造小海，小海的下面是咸水，上面是淡水，然后在里面放一只轮船模型，让模型轮船在小海中航行。这时小海起了波浪，不但海表面起了波浪，咸水和淡水之间的接触面也起了波浪，这是一种我们肉眼看不见的波浪，正是它阻止了"弗莱姆号"前行的脚步。

在"水底世界"一节我们提到过这种现象，在海面和陆地海底之间，还有一个液体的海底，水草和海底动物就生长在这个液体海底。用"超声波测深仪"能清楚地看到这个液体表面。为什么会有这个液体海底呢？那是因为两层海水之间有密度差。为什么两层海水的密度不一样呢？那是因为它们含盐量和温度不同，苦咸和冰凉的海水一般都比淡水温度高密度大。

海水和空气中的波浪我们用肉眼就可以看见，不同密度的海水之间的波浪我们却"视而不见"，测量它们的波浪高度，需要借助专门

▲ 弗里德持乔夫·南森

仪器的帮助。首先要从海洋深处取水，测量它的温度和咸度。为了取得海洋深处的水，我们首先准备一个两端带有龙头的铜罐，让它沿着钢索深入大海深处。当水深测量仪测出来已经到达指定深度时，触动一个机关将铜罐翻转，龙头关上，那里的水样就采集好了。

但这个地方的水深和温度各是多少，我们还不得而知。于是我们还需要派深水水温计跟这个铜罐一起下去。由于随着深度的增加，普通的水温计读数会不断变化，没法记录那个取水点的温度，因此水文学家们又琢磨开了，参考体温计，他们发明了一种特制的水温计，当想要记录当前位置水温的时候，只要将它倒转，水银柱中和玻璃球里的水银就会断开，水银柱中水银再也没法回到玻璃球之中，这个温度就被固定下来。水温计为了科学事业不得不在海洋里不停地翻着跟头，要知道那么深的海里可不会有观众为它鼓掌。

水深怎么测量？可能你会说不是有钢索吗，测量钢索放下去的长度不就行了？其实不然，在海水的冲击下，钢索是会被冲斜的，有时放下去 1000 米的钢索，真正的高度也许还不足 900 米。所以我们需要另外一种测量水深的仪器——温度测深仪。

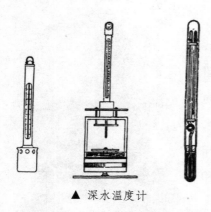

▲ 深水温度计

温度测深仪的原理跟深水水温计有点类似，也有一个装满水银的玻璃球和连在玻璃球上的细水银柱。海水会压迫玻璃球中的水银进入水银柱，当它翻转的时候，水银柱同样会跟玻璃球断开，水深就被记录下来。但是这个深度必须跟温度同时测量，因为水银不但受水的压迫而变化，而且它也受温度的影响而变化，所以它的读数需要用温度值来进行校正。将它俩的数据一对比，结果才能准确无误。

通过这些仪器可以寻找到液体地面和在那里翻腾的"深水巨浪"的高度，但我们的收获不仅如此，通过比较深海和海面的温度，我们还能观测到暖流和寒流匆匆走过留下的脚印，可别小看了暖流和寒流这对难兄难弟，它们联手不但能左右海洋的天气，还能左右大陆的天气。

水文学家通过测量巴伦支海的温度，可以观察到湾流的暖流，从而推算和预报北极和北方大海航道上的冰，下一步将会有怎样的行动计划。比如说，一个船长上报了大西洋上的某个地方测量出海水的温度，水文学家根据这个数据可以预报大陆河流解冻的时间。

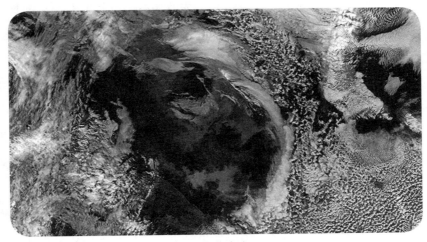

▲ 巴伦支海

测量水温还有别的用处。渔业专家根据水温，可以预测哪里有鱼群在活动。船长如果发现海水越来越凉，就知道前面可能有冰山。中央水文气象设计局曾给我看过一只轮船自动记录温度计，它能自动观测并记录海水的温度，根据这个记录，即使在黑夜和浓雾里，水手也能判断前方是否存在冰山或冰原，"泰坦尼克号"轮船要是拥有这么一个设备，那样的历史悲剧就不会重演了。

现在，我们也会派飞机去侦察大海上的冰，浮冰的分布情况，飞机都会用无线电报告给我们。我们在空中、船上、岸边立体地观测着大海的生活，观测着无比任性的大自然。

要测量海水的流速和流向，同样可以用回转测速仪：水流冲击螺旋桨转动，记录仪记下螺旋桨旋转的速度，从而计算出流速。海里放置的都是自动记录仪器，它们可以自己测量，自己记录。海岸同样需要测量水位，一般每 6 小时测一次，有时候每间隔 10 分钟就得测一次。

也许你会问，我们测量河流的水位是为了防止洪水来袭，淹没我们的城市和村庄，那么测量海水水位有什么用？难道其水位不是固定的吗？显然不是，大海有时比天气还要动荡，如果你见过涨潮和退潮的话，或者你见过大风推着海水在近海和远海之间来回奔波时，你就会深有体会。

这还只是海水看得见的变化，事实上大海还有一种我们看不见的长期变化。它们在长达几个世纪的时间里，和陆地玩着你进我退、我进你退的追逐游戏。了解了这个，你就不难理解有时为什么我们可以透过清澈的海水，看到古代城市的废墟遗迹。为了让我们今天的城市避免悲剧重演，我们需要年复一年地观测和分析海水的水位。

还有一种海，它们与大洋被陆地活生生地分隔开来，我们称之为内海。它们不能从大洋那里获得海水的补给，只好自力更生过着节俭的日子。对它们必须要更为小心地观察呵护。

里海就是这样一个内海，从 1930 年至 1945 年，仅仅 15 年时间，里海水位就下降了两米左右。我们都很关心，里海以后会持续下降还是重新回升？因为这关系到里海沿岸城市的安危，以及港口是否需要改建。这些工程都需要数以亿计的资金。

想要解决这个问题，水文学家们需变身为水文历史学家，开始查阅水位历史记录和图标。以前的水位数据越详尽，水文学家们就越能准确判断出里海未来的水位是降是升，1 年后水位将是怎样，5 年后水位又将是怎样。

在这里，也有很多水位测量仪——验潮仪上岗，为我们的水文家们服务着。一般每 6 个小时测量一次，但涨潮和退潮时，测量的间隔被压缩到 10 分钟，因为那时水位变化实在太快了，电视里我们经常可以看到，涨潮的时候人们往往跑不过潮水快速的脚步而被卷进海里。

我们同样也叫大海"记日记"，由它自己记下水位的变化，我们在海里

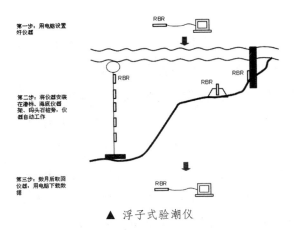

第一步：用电脑设置好仪器

第二步：将仪器安装在潜标、海底仪器架、码头石桩旁，仪器自动工作

第三步：数月后取回仪器，用电脑下载数据

▲ 浮子式验潮仪

放了一个自动记录水位仪的浮标，浮标上绑着一个笔头，无论大海在粗暴地发着脾气，还是温柔、缓慢地打着太极拳，我们都能从它的日记里感觉到。只有深入地去了解大海，才能跟它和平共处，相安无事。

有的人一辈子生活在海边，对大海却一无所知，不信你问问住在阿拉伯或索奇的居民，黑海为什么叫"黑海"？看看能回答出来的人有多少。可是海洋专家们会告诉你，那是因为黑海的波浪很大，所以它的皮肤看起来比其他海的颜色要更深一些。

你见过风平浪静的大海吗？那时海面像一面镜子一样反射着蓝天，真正可以用"海天一色"来形容。海风吹来，海面皱起层层波涛，海面的镜子破碎了，像一块玻璃被打碎了一样，玻璃本身的颜色开始显现出来。波涛越来越大，大海反射天空的颜色越

▲ 黑海

来越少，我们看到它自己的颜色越来越多，看起来它的颜色越来越深。所以"黑海"的名字也就应运而生了。

在阳光灿烂的日子，或者月光皎洁的夜晚，海面上波光粼粼，一条"星光大道"从海面一直延伸到海天边界，这条"阳光之路"或"月光小路"激起了多少画家和诗人的灵感。然而科学家们却让艺术家扫兴了，他们说那不过是太阳和月亮被成了千万个破碎的镜子，也就是成千上万条微小的波纹反

射的结果。

如果海面像湖面一样是完全平静的，那么我们看到反射的太阳和月亮也只会有一个。但波纹把这面镜子撕成了碎片，我们就看到无数个小太阳和小月亮。为什么没有任何风的时候海面也会有波纹呢？科学家们是这么解释的："大海中的巨浪当然是由大风扬起的，但那只是看得见的风，实际上海面还有很多我们根本感觉不出来的小风——小气流，正是它们吹皱了大海的海面。"

画家在克里米亚海岸描摹"海天"风景画时，他们在近岸海面画上一面淡蓝的海镜，在远方的地平线上，则描上浓墨重彩的深蓝，科学家们同样可以解释："因为山峦挡住了沿岸的风，所以近海海面平坦，但没有了大山的阻挡和庇佑，远处的风会将海水吹向地平线的方向，它们扬起了波浪，所以远方的海看起来当然会显得更蓝一些。"

皑皑雪山

我们想当然地认为：河不过是河床里流动的水罢了，但水文学家们不这样认为，他们说河是一部庞大而复杂的机器，它能把整个流域内的水全部汇集起来。

他们用眼睛去观察水的所有旅途。从渗入土壤的"毛细血管"、到深入黑暗的地下河道，从陆地的河床，到海洋的洋流。他们到宽阔的入海口，到寒冷的冰河，甚至到皑皑雪山上深入钻研。

举个例子，在一片森林里，堆满了积雪，它睡得很香，就像动物冬眠在洞里一样。你看不出它跟下游同样覆盖着冰块的河流有什么关系。甚至你都不知道它究竟是死是活，还能不能醒来。

等春天到了，积雪便开始苏醒，融化成水，从山坡上连蹦带跳地跑了下来，或者透过土壤，从地底下喷了出来，来到了河流的怀抱。森林和田野里的雪越多，春汛时河里的水也越多。水多水少与土壤的身体状况也有关系，如果雪解冻了，土壤还没解冻，土壤就张不开嘴巴喝雪水，春汛就会更严重。而夏天时，河里的水就会更少，河流就会变浅。因为夏天如果不下雨，河里的水全都是靠土壤吐出以前喝的地下水来补充的。

在苏联，一切都是按计划进行，所以河里会有多少水流过，要预先预算。于是在估算河流中水量的时候，仅仅测量河里有多少水是不够的，还要测量平原和高山中的雪量。

平原和高山中的积雪测量起来并不容易，它们堆积得有高有低，有厚有薄，睡在几百甚至几千平方千米的"大床"上，一切因素事无巨细我们都要考虑在内。尤其是高山的雪，在那里测量不但特别复杂，而且十分危险。测量雪的人在山路上跌下悬崖的事情时有发生，最后往往粉身碎骨。相比看得见的悬崖，还有很多看不见的陷阱更可怕，一起在雪田里行走的同伴，突然就从雪田中陷下去，消失得无影无踪。透过他陷下去留下的洞里望去，原来下面是一条小河，河面薄薄的"冰被"上，又盖了一床厚厚但蓬松的"积雪被"。

雪太深了，马若是陷进去，拼命想跳出雪的束缚，最后精疲力竭，徒劳无功。海拔4千多米的高山，空气稀薄，氧气不足，人因此窒息而亡。浓雾或暴风雪来临时，伸手不见五指，真是"深山不见人，但闻人语声"，人们仅仅靠马的喘息和同伴的呼唤相互摸索前进。阳光照耀的时候就一定好吗？雪地反射的阳光让人们头晕目眩，于是人们只好戴上墨镜，否则眼睛极可能出现雪盲。

在雪地里别说工作，即使要休息好也很困难。如果有幸碰上炊烟袅袅的土房子，那就是"五星级宾馆"了。大多数情况下，他们都只能在岩石下过夜，旁边如果烧一堆御寒的篝火或者油炉都是一种奢侈。

你幻想过旅行中的探险经历吗？这样的探险对测量的人来说是家常便饭。每个月他们都要去巡视一下放置在山上不同位置的量雨器，量雨器是如此之大，以至于能装一个月内落在里面的雪。要测量这些雪，他们还要将它们用火全部烤化成水。

河流、海洋与雪山

人们用标尺测量雪的厚度，观察着冰的生活；他们记录"冰被"的厚度融解或增加的速度。除了学术探险，必要的地方还要建立永久的高山观测站。有了高山观测站，工作起来就容易多了，但是怎样建造这种观测站？又该怎样准备那些不可或缺的设备呢？

作为建筑材料的树木和石头倒是随处可见，难的是将那些沉重的东西搬运到观测站，要知道即使徒手走过那个地方，很多人都未必做得到。我见到过一本报告，是一个魄力非凡的团队里的人写的，他们曾经在高山上建起第一座观测站。但报告作者的姓名现在已经无从知晓了。

从报告里，我知道为首的是一个叫达维多夫的教授，他们为了战胜大自然，曾经在山上做过艰苦卓绝的斗争。木头和木板都是从山谷拖上去的，不是马载，就是人背。马的身上布满了冰针和霜雪，看起来像个刺猬似的。绑东西的绳子也冻得硬邦邦的，像根粗铁丝一样。

山上和山下有天壤之别，如果用山下的方式来建观测站的房子，夏天一到，它就会倒塌了。原来那里的地都冻透了，夏天地基开始苏醒解冻，就会摇摆不定。为了克服这个，建造专家要将观测站建在混凝土上，房底还要留出一个个通风口。通风口高大得下面可以走人，但它只是给风预备的道路，当打开通风口的时候，凛冽的寒风就开始在房子底下散步，游荡。

观测站费尽九牛二虎之力建好了，开始观测之前，一系列的意外又出现了。气压表中的水银淘气地跑到了最低刻度线以下，原来山上的气压太低了，于是只好特意定制一只低气压表。量雨器也经常被冻裂，不得不经常返工修理。山上不但仪器容易生病，人呆的时间长了也容易生病。但不管困难多大，不管天气怎样，观测工作是万万不能停的。"天气恶劣也不能耽误工作"，报告里写着这样的句子。越是跟天气有关的工作，就越必须风雨无阻。

天气给我们带来了很多灾难，但仅仅跟地面的任性天气打交道还远远不够，还必须要关注太阳的变化，太阳的斑点、大气层的旋风。对气旋跟地球上的天气一样必须一视同仁。

在 3600 米高的天山上他们建造起了观测站，但观测者还要到更高的腹地去，把他们在塔什干的一所房子，拆运到费德琴科的冰川上，那里有海拔4100 米高。他们载着房子走过澎湃山涧，走过碎石满地的山路，走过几乎垂直的陡峭山坡，走过深雪，走过冰田，也走过峻峭的石缝。

▲ 天山

在那里经常有大风暴，观测气象的小棚子被风像刮碎纸一样刮走了。那里所有的降水都是雪，雪多得可以把观测站的房顶全埋在下面，洼地和溪谷里的雪更是高达 30 米。有 7 个月左右的时间，观测站和外界完全只能靠无线电来联系。

但这些都不能阻止我们的观测工作，小本子和图标里不断填充着他们采集来的精确的数字。我有幸见过一张这样的图表：山峰被描述成锯齿状的线条，上面崇山峻岭，下面是一望无际的平原，平原上躺着一条河流。悬崖上是低矮的观测站和观测气象用的小棚子，如果没有那些标记着高度的数字的话，猛一看，你会以为那是一张水墨山水画。

早晨 7 点，观测者的工作就开始了，他们描绘着雪图。翻看一下这张图，你会发现山下还暖和时，冬之神就已经盘踞在山上，并一路从山上杀入平原。到了春天，它又开始逃离，退缩到峻峭的山岭之上。

如果说在山上生活和工作是艰难的，那么在南北极圈里的工作更不容易。在冰天雪地的北极，7 个月不通消息根本不足挂齿，有时失去联系要长达 1 年。这需要多大的恒心和毅力，才能忍耐这与世隔绝的寂寞和思乡之愁。所以忘我地工作便是治疗这相思病最好的良药——如果不是为了这工作，科学家们怎会来到这极寒的地带呢？

"北极"观测站的4位探险家一定称得上是英雄，他们脚下的冰块已经融化得越来越小了，走在上面甚至还会不停地摇晃，因为它正在加速融解，并随时可能破碎。但他们还在继续坚持观测，报告天气情况，要知道这块冰的下面可是4千米深的冰水。

又有人该问了，可以用全自动机器人来代替人工作吗？要知道在普通的水文气象观测站里，那些机器人能昼夜不停地记录着温度、湿度和气压。在高空气象观测站里，也有安装了无线电探测器的测风气球被升到天空，它们能把风向和风速等天气情况通过无线电从天空报告出来。那么可以在北极、沙漠、大海以及山顶上建造起这种不用人工干预、能完全自动工作的观测站吗？

1939年，对于读者提出"50年之后气象服务机构将会变成什么样"的问题，美国气象协会的杂志刊登了气象学仪器部门负责人的回答："50年后，杳无人烟的地方将会建起全自动的观测站，它能通过无线电把每月的天气情况报告给我们。"

美国气象学家太保守了，根本不用50年，仅仅5年左右的工夫，在苏联，这样的自动观测站就已经横空出世了。

机器人鲁滨逊

我去参观过一所苏联的全自动观测站，在那里旅行，就好像来到了一个未来的科幻世界，陪我一同去的是观测站的设计工程师——戈赖伦琴。

汽车在马路上驰骋，旁边的高楼一个挨一个，不久以前这些高楼大厦还只是工程师头脑里的设计蓝图呢，现在却活生生地矗立在我们面前。在一所两根无线电杆的小房子前我们停下来。戈赖伦琴工程师开始给我们讲解，他说的像是科幻故事里的情节，但事实上不是，这个科幻故事现在真真切切地出现在我们面前。

杆子大约 8 米高，上端有一整套气象观测仪器：气压表、温度表、风速计、罗盘风向标，最后两个仪器是测量风速和风向的。这些仪器都是观测站的五官，它们通过电线这种神经跟观测站的管理指挥部门——大脑联系在了一起。

▲ 北极观测站

大脑被安放在一个金属制作的大箱子里。戈赖伦琴工程师拧开一个盖子，我们面前有齿轮、圆盘、接触器、各种叫得出和叫不出名字的零件有机地组装在一起，一只精密绝伦的机械手表在它面前也会不由自主地产生仰慕之情。

蓄电池给这个大脑供应着能量，感觉器官通过电线神经把信息告诉大脑，大脑经过处理后将信息发给声音的中枢——装在旁边矮柱子上的无线电播放机。每过 6 小时，气象观测站就开始启动，向整个城市广播当时的天气情况。

箱子里的时钟在滴滴答答响着，好像跳动的心脏。时间在一分一秒地流逝，预先设置的时间到了，没有任何人触碰它，机器自己就开始忙活起来：齿轮开始转动，按键响个不停，圆盘发送着电报符号，无线电收发机也开始了工作。呼叫、汇报气压、气温、风向、风力，呼叫……连续汇报 3 次。然后机器又陷入了沉寂，好像什么都没有发生过似的，只有时钟的心脏依然在滴滴答答地响个不停……

6 小时后，机器又会再苏醒 1 次，劳动两分钟后又继续沉沉睡去，这样周而复始，1 天 24 小时，1 年 12 个月、365 天或 8760 个小时，不停地循环工作着。

这台机器每天只工作 4 次，每次 2 分钟，1 年真正的工作时间不到 50 小时。此时，你豁然开朗了。这台机器不需要人的看护，只要每年检查 1 次，给蓄电池充满电就可以。如果在它外面安装一个风力发电机，那么连蓄电池也省了，风就自己给机器以能量来测量自己的参数，不需要任何人的干预。

当然建设这样的观测站的人们，都是勇敢而坚强的。观测站建好后，需要搬运到观测的地方并不容易，尤其是当那地方非常偏僻时。"这个事情真不容易"和"这个事情真不简单"在我们这本书里已经说过好多次了，因为我们讲的所有事情都不是简单容易的，都是需要努力，需要毅力、需要创造力、需要勇敢和艰苦工作。

▲ 海豹

有时一个实实在在的报告或论文，比我口若悬河的科幻故事，会让你更有感觉，更能激发出你的想象力。我这里有一篇报告，是一个在荒岛上建设全自动观测站的探险队员写的。所谓的荒岛其实不过是大海中的一块岩石而已，1944 年 9 月 10 日之前，岛上除了海鸟和海豹以外完全荒无人烟。

而就在 9 月 10 日这天，岛上迎来了它的第一批客人，一艘轮船带着全自动观测站和 5 名探险队员靠近了岛屿。队长是车尔巴诺夫，一个海军少尉，无线电工程师帕斯科夫，还有另外 3 名工程师——巴夫洛夫、戈赖伦琴和苏拉日斯基。登岛以后的事我不详述了，摘录几段报告中的话你们自己看。

报告

在下面签字的我们，陈述下列各项报告：

观测站 APMC 的设立

在 1944 年 9 月 11 日到 9 月 29 日之间，将观测站的一切设备都搬运到了岛的最高峰（注：165米），将机器放在指定的高度。全部设备约重1.5吨，搬运时没有用任何起重的方法，直接由探险队员搬运上岛的陡坡。

由于岛上的岩石、险阻的山坡和龟裂的断岩，在搬运的时候，随时都有生命的危险……

在一座很狭窄的、两面山坡壁立的山顶上，安装无线电杆时，因为没法使用起重方法，以致困难重重，队员冒了生命的危险毅然把它完成。

虽然下着雨，刮着每秒速度达25米的大风，安置APMC机器的工作，每天仍在进行。9月18日，风暴中的风力达12级的那一天，全队的人都忙着搬移营帐和抢救器材到较高的地方。

由于风暴，9月17日到20日之间，观测站的无线电完全不能使用。

1944年9月29日17时，探险队完成任务，离岛登船……

这份报告堆满了像"签字""陈述"等这样的官方语言，有些枯燥。但透过字里行间，我们面前还是能呈现出峻峭的岩石，肆虐的狂风，浓雾笼罩小岛，以及无时无刻不担心着葬身海底的恐惧。

风暴如此之大，掀起的巨浪处于能把海拔15米高的营帐卷走，队员们只好将营帐再往上挪15米。观测站设立的山脊上只有不到两米宽，就像站在岩石的刀刃上，仅仅站在那里尚且不易，还要紧张地工作，可见多么艰辛，更不用说那个站在悬崖杆顶安装全自动观测仪的人有多危险了。

探险队员完成了任务后离开了岩石岛。岛屿又重归于寂寞，只有机器人"鲁滨孙"——全自动的气象学家兼无线电电报员，孤独地守在荒岛上。整整1年后，才有另外一艘水文调查船登上了岛屿。

无线电电报员和工程师们仔细检查了"鲁滨孙"的身体，听它发出的声音——广播，发现一切正常，"鲁滨孙"已经日复一日不间断地连续工作了整整1年。他们给"鲁滨孙"的蓄电池充满了电，锁上了它的家门就告辞了，继续留下"鲁滨孙"一个人在岛上默默坚守。

还有那种小型的自动机器观测站，直接从飞机上扔下来就可以工作。飞机底板上打开一扇小窗，装有仪器的盒子从小窗里扔了出来，盒子打开了，降落伞带着小型观测站缓缓着地，着地后天线会自动打开。这种仪器在战时特别有用，将它投放到敌人的后方，天气的信息就能通过广播源源不断地送往我方。

这些听起来像是不切实际的幻想，但事实却是真实存在的。如果你问我50年以后的气象台会是什么样子，我的回答一定比美国那位气象学家还要夸张。

我会说，50年以后，甚至用不了50年，地球上将遍布无线电侦察仪和全自动观测站。无论在高高的平流层，还是在深深的海洋底下，都有它们坚强的身影。它们监视着天空，陆地和水底空气和水的一举一动。它们会告诉我们平流层风的生活，北极冰层的动态，地下水的暗流和海底的洋流。

人类将会制造出成千上万只"眼睛"，来注视和记录我们自己生活着的地球，它们能瞧见我们人类瞧不见的事情，这是我们人类努力的方向。这样的"眼睛"已经有几千个了，在那里有非常准确的仪器昼夜观察着大自然的生活，所有雪、雾、雨、风暴和洪水的信息，都通过有线或无线电在高速传播着。

它们从平原气象观测站传来；它们也从高空气象观测站传来；它们从河流、海洋、湖泊和沼泽的观测站传来；它们也从高山和沙漠的观测站传来；它们从全自动观测站传来；它们也从侦察气候和冰的飞机上传来；它们还从水文调查船和破冰船上传来；它们从东西南北中，从苏联任何地方，甚至北半球上的其他国家传来。它们在有线和无线通信链路里奔跑着，它们就是那些目不转睛地盯着天气生活情况的哨兵们，它们每年产生出来成千上万份的天气数据报告。

所有的报告，都汇集到了这里，汇集到中央天气预报研究所这个大脑里。现在，我们正站在中央天气预报研究所的门前，我们面前的这扇门终于开始徐徐开启。

第 02 章

· 去未来旅行 ·

过去和今天发生的事情，我们都可以看到、听到，但对于未来，我们却似乎毫无办法，除非你生活在科幻的世界里。但现在第一个吃螃蟹的人出现了，现实世界的人们也开始让自己的脚踏上未知领域的道路上。

明天的莫斯科

"中央天气预报研究所现在发送未来 24 小时天气预报：明天莫斯科天气阴，局部有小雨，今晚到明早最低气温大约零度……"

难道中央天气预报研究所住着一群神仙？不然他们怎么知道明天的事情？过去和今天发生的事情，我们都可以看到、听到，但对于未来，我们却似乎毫无办法，除非你生活在科幻的世界里。但现在第一个吃螃蟹的人出现了，现实世界的人们也开始让自己的脚踏上未知领域的道路上。

天气预报者们就是这样一群去未来旅行的旅行家。他们说，如果要预报明天的事情，一定要回顾今天和昨天的事情，而且不能只盯着一个地方，一个城市，要放眼广大区域内的所有现象。

成千上万只眼睛在观察着地球上水和空气的一举一动，它们所看到的一切，都通过电报、无线电汇集到了这个组织的大脑——中央天气预报研究所。

是到了将这一切描绘成图画的时候了，眼睛们所看到的零零碎碎的光彩和星星点点的颜色，终于要汇集成一个整体的画卷了。有个伟大的科学家说过，我们不是用眼睛，而是用脑子在观察。

这项工作由中央天气预报研究所里的技术部来完成。你愿意跟我一起去瞧瞧吗？很多年轻人围坐在一些大桌子旁，有的年轻姑娘刚刚从学校毕业，但是她们每天看那些信件却像箭一样飞快。

1719　　　　84562 62648 12168 05806 7 Φ300 1422

里面的暗语对这些女孩子来说，就像读书看报一样简单，一开始的数字很简单，17 代表 17 日，19 代表 19 点。接下来 845 代表观测站的代号，观测站成千上万，要准确地找到这个代号的观测站并不是一件易事，但熟练的技术人员看到观测站的代号就知道它位于什么地方什么国家，并迅速在标了很

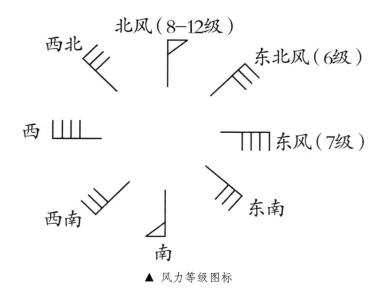

▲ 风力等级图标

多密密麻麻小圈的地图上找到它们。接下来就是在观测站旁边的圆圈里把那里的天气一个个标注在地图上。

接下来的数字是：6262648……如果翻译出来，就是下面的意思："下层云低且碎，是恶劣天气的象征；中层雨层云；观测时天气小雨；能见度：4~6级；云离地最近高度：300米以上；下层云量：10级……"这么多话，7个数字就表达出来了，仿佛把我们平常的讲话，全做成了"压缩饼干"。

那又怎么把这些信息标示在地图上？用刚才这些文字？显然没有这么大的地方，因为地图上还有很多别的观测站。画上图画？显然更不行，而且也不是所有的东西都能画出来，比如你怎么画风力和能见度？还用刚才那些数字标示吗？这个方法当然毫无问题，但如果都是数字，这幅地图就会索然无味，不甚明了。

我们需要用到一个古人发明的文字，用象形文字加图画来标示。有很多我们耳熟能详的的象形文字符号，如：电线杆上画两道闪电符号，代表"小心触电"；玻璃瓶上画上白骨和骷髅，代表"小心有毒"。

去未来旅行的人们，也采用古语中的象形文字符号，在地图上画上天气。

他在那个观测站的圆圈里画满线条，代表整个天空被云覆盖。如果留下 1/4 的空白，则表示另外 3/4 被云覆盖。在某个观测站圆圈水滴般大小的地方，却代表了观测站附近的整个天空。

技术员的每一分，每一秒钟都是珍贵的，他们快速地工作，圆圈边上又添上了一个箭头，尾部画上两根羽毛，箭头指向南边，代表北风，两根羽毛表示 4 级风力。圆圈周围写满了符号和数字。有的符号用黑墨水笔画的，有的是用红墨水笔画的。

平常，如果我们一会儿用黑墨水笔一会儿用红墨水笔的话，通常是准备两支钢笔，用完黑墨水笔放下来，再拿起红墨水笔继续用，但去未来旅行的人们是没有时间来换笔的，他们使用的是特制的钢笔，有两个笔头，一个笔头蘸黑墨水，另一个笔头蘸红墨水。

将颜色弄错，或者将数字的位置弄错，都是不可原谅的。比如左上方的红色数字代表气温，右上方的黑色数字代表气压，如果两者颠倒，那就毫无意义了。

几分钟内，观测站天气情况就填好了，画好了。经验丰富的天气预报者只需瞟上一眼，观测站上空有什么云，哪里在下雨，哪里在下雪，就一目了然了。当然认识这种语言的人是凤毛麟角，但同时全世界各个角落都有人能认识它们。在苏联，在南美，在各国的海岛上，气象学家们都认识这种语言。星星代表雪；逗号代表小雨；句号代表雨；尾部带箭头的折线代表雷雨；3 条平行的横线代表雾；先上行，然后下行的一条线，代表气压先上升，未来将下降；半圆形代表晴好天气的积云，但如果半圆形上画有一些铁砧般的图画，那就代表将带来倾盆大雨的乌云。

地图终于全部画完、填完了，几百个观测站的圆圈周围，布满了黑色或红色的数字和符号，下一步便是用大脑将成千上万只眼睛看到的点点滴滴，合成一幅整体的天气画卷，仿佛一个拼图有 500 多块零碎的小图板需要拼接起来一样。这个工作我们交给天气预报者的总办公室来做。

天气预报图

天气图在天气预报者面前徐徐开启，他上下左右扫视了一遍，找出哪里下着倾盆大雨，哪里下着小雨，哪里又起了雾。他们拿起一支绿色的铅笔，在乌云密布的地方画下绿色的"乌鸦"和"小鸟"，在下着倾盆大雨的地区画一个绿色的三角形，在下着小雨的地区画一个绿色的大逗号。

▲ 天气图标

然后他们又换上另外一支黄色的铅笔，在有雾的地区填满黄条，这样的黄条有时会覆盖好几座观测站。他们此时是在做加法，把几百个地区的天气合起来，变成整个国家和地区的天气。

他们好像在猜一幅画谜，努力寻找地球上移动着的巨大气流的躯体的踪迹。在画上我们很容易就能找到森林、小鸟和野兽。即使没学过植物学，我们也能认出松树和白桦，但气流却不是谁都能认出来、找出来的。因为它的足迹遍布几千平方千米的广袤大地，你听不见，也看不见它，只能通过它丢下的行李——云和雾去猜测它的行程。

我们首先来学着看气流，寒流在被太阳烧热了的海洋或大陆上空来回飘荡，就会带来乌云或倾盆大雨。空气在地面附近被晒热后，便带着旅行的"行李"——水分开始上升，因为上面的寒流很冷，水分便化成了浓厚的雨云，天气像孩子的脸，说变就变，很快就下起了雷暴雨，但雨很快又停了，天空被洗得更蓝了。

大雨和大雨云——图上的三角形和绿色的"小鸟"，代表那里的寒流很不稳定，这个特征就像是白桦的大白皮，一下子就可以认出来。黄色线条的雾和绿色逗号的小雨代表地面是寒冷的，但空中有暖流。暖流温暖的空气在地面的低温下瑟瑟发抖，它越变越重，再也无力飞起来，变成了一条厚重的大毯子，盖在地面上。它携带的行李——水分凝结成了毛毛雨或白色的雾，与空气分道扬镳了。

在冷玻璃上哈气，玻璃上马上就会雾蒙蒙的，跟这个道理是完全一样的。这种情况下，天气是不会很快好转的，它还要阴沉着好几天的脸。天气预报者就是这样来分辨暖流和寒流，并把它们画在地图上。

高空中的气象观测所也会传来信息，帮助他进一步改进工作。1千米或2千米、3千米、5千米、7千米的高空气压、温度和湿度怎样，无线电每天会报告两次。还要根据云的走向或者气球来监测高空中的风。

这些消息都汇集到中央天气预报研究所，在这里除了将地面的风标上外，还会把天空中四处游荡的风也标上，3～4千米高度的风用红色箭头表示，8千米左右的风用蓝色箭头表示。

另外，还需要编制一个高空气象特别图。在图上可以看出来，离地很高的高空有什么状态的低气压或高气压。另外一些图上则画着冷空气、暖空气、潮湿空气和干燥空气的长条，这些长条在高空由南伸向北，由北伸向南，或者别的更多方向。

天气预报者要想知道大气全景图，除了看这些图外，还需要看看剖面图。中央天气预报研究所里有时还要给地图做个剖腹手术：用一根从莫斯科到伦敦，从古比雪夫到汉堡的线，横穿整个欧洲，将大气切开。这些图上便会有很多高空温度和湿度的波状线绵延起伏。

还有一些特别的图需要编制，看了这些图，天气预报者就可以马上判断出天空中不稳定和稳定的气流在什么位置。怎么分辨稳定的和不稳定气流？

我们知道，放在地板上的石头是稳定的，它自己不会动，你也提不起来，但是氢气球却不是稳定的，因为它不但自己会往上飞，甚至还会带着你的手往上飞。

空气是一样的，裹在地面的是稳定的气流，除非一股更重的气流把它们抬

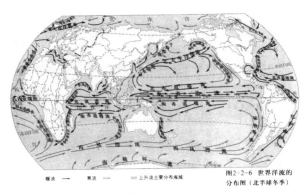

图2-2-6 世界洋流的分布图（北半球冬季）

▲ 寒流暖流图

起来，否则它们不会自己上升。温暖的空气匍匐在冰冷的地面上，突然，一股寒流从北方袭来，把暖空气抬上了天空，就是说的这个情况。

对不稳定的气流而言，它们像氢气球一样，自己就会上升。夏天的时候，炙热的地面烧烤着空气，烧热的空气形成一股强大的气流，越升越高，雷雨前，它们甚至能把沉重的饱含雷雨泪水的乌云抬升到平流层附近，就是说的这个情况。

如果说普通的火炉配不上"仪器"这么高贵的名字，那么我们不用仪器就能分辨不稳定和稳定的气流来。主妇抱怨炉子不着的时候，那时的烟是下沉的，气流非常稳定，等炉子着起来的时候，烟就会从烟囱不断轻盈地往外飘散，那时的气流就是不稳定的。

当然几千米的高空是没有烟囱的，如果没有专业的气象仪器测量肯定不行。气象学家用那些仪器测出来的参数绘制成一幅高空的气象图，图上清楚地标明了那些稳定和不稳定的空气层，图还会清晰地告诉天气预报者，气流蕴含着多大的能量，所以这个图的名字叫"气流能量图"。

分析了从白令海峡到格陵兰一线不同位置的地图，天气预报者便熟知了所有空气的生活状况。人类就是用这种科学的方法，对平流层和地面周围数千千米的广大区域一目了然。

但这个天气一览图"画谜"不是全能的，它能看出寒流和暖流，看出稳定与不稳定，但没法看出这个气流是从哪里出发，哪里升腾的，来自陆地还是海洋，来自北极还是热带。北极和热带的气流截然不同，热带一般是温暖的，北极则是寒冷的。

另外，天气预报者还要关注哪些观测站的气温高，便用红色铅笔勾勒出来自热带的温暖气流，然后用蓝色铅笔勾勒出北极冷空气盘踞的地带。图上几个重要人物粉墨登场了，我们都熟悉它们的名字：AB——北极气团，TB——热带气团，ΠB——极地气团。

如果暖流和寒流邂逅，就会下雨，暖流带着行李——水分爬上了寒流的背，它觉得冷，于是只好丢下自己带的行李水分。天气预报者找到图上那些长时间下雨的地方，用绿色铅笔涂满颜色，这些绿色铅笔漫步的地方，就是暖、寒气流"打仗"的战场交汇之处。

天气图越来越清晰了，上面清楚地标示了气流，还有它们之间的"楚河汉界"。但是这些分界线还有点模糊，我们还没法看出气流是在哪个战场"打仗"。天气预报者明白："战争"要开始时，气压便会持续下降，而"战争"结束时，气压便会回升，或至少不会降得这么迅速了。

在天气图上，每一座观测站旁，都画着一个记号，标明气压是上升的还是下降的，天气预报者把相同的记号连在一起，于是，气压上升和气压下降的阵容便出来了，气流的战场开始初见端倪。黑铅笔也开始上岗了，它轻轻地涂满了双方战场。

天气预报者就这样按部就班，脚踏实地地钻研着所有的天气特征：雨量、云的形状和性质、

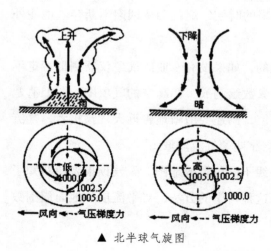

▲ 北半球气旋图

温度、湿度和风。代表着风的箭头经过这些打斗场所的时候，会拐个急转弯。天气预报者当然不会遗忘气压表，他用黑色等压线把气压相同的地点连在一起。

图上已经呈现了低气压的气旋和高气压的反气旋，并且已经清楚地显示，战场起伏曲折，像大海的波浪一样，有的地方波涛汹涌，有的地方则风平浪静。同时还清楚地显示了，暖空气在什么地方偷袭冷空气，缓慢地爬上冷空气的背，而冷空气又在什么地方对暖空气发起猛烈的回击。

天气预报者将暖气部队用红铅笔标记在地图上，将寒气部队用蓝铅笔标记在地图上，这样，工作的第一步总算接近尾声了，天气预报者对整个大陆，甚至整个北半球的天气都成竹在胸。他了解了今早 7 点的时候，整个地球上的气流是一种什么样的生活状态。

用医生的话来说，到现在这一步还只能说是确诊，天气预报者下一步还需要开药方。仅仅了解现状是远远不够的，他还要预测。通过今天早上 7 点的天气，他要能预测明晚 7 点，甚至后天的天气将会有怎样的变化。这张用各种颜色的铅笔标注着天气的一览图，不过是它们去未来旅行的起跑线。

但是它们要怎么启程，又怎么跑在时间前面？我们知道幻灯片都是静态的，但看电影时，我们通过许许多多静态画面，从中可以看到十分连贯的动作。在进行动作时，电影摄像机每秒钟会拍摄 25 幅静态画面，然后将这 25 幅画面连续地在荧幕上播放，通过视觉暂留效应，我们就看到一串串连续的动作了。

我们标记和分析得很清楚的天气一览图，就是这样一个气流的静态幻灯片，它标记了今早 7 点静止的那一瞬间天气的模样。如果你想看见气流的连续动作，就不能只看今天这一张图了，你必须拿出昨天的，前天的，之前的许许多多图来，将这些图在天气预报者前像放电影一样过一遍，天气预报者从图上就可以看出，今天早上之前，气流在地面上是怎样旅行的，而在未来，它们又将走到哪里去。

火车 与 气旋

气流像一列没有轨道的火车，在地图上观察它们的行程，就可以计算出它们到达目的车站的时间。比如从北方巴伦兹或加拉海上空向南行进的北极气团，当它快到达你头顶的时候，虽然天看起来还是那么蓝，但你却已经冷得瑟瑟发抖。当远方的风景画变得像水晶一样透明，雪原上的黑影开始清晰泛蓝的时候，它就向我们宣告它正式要光临了。

我们终于不必亲自到新地岛旅行，它自己就飞到我们这儿来了，不，确切地说，不是它飞来了，是它"派"当地的空气飞来了。

春天，随身携带着寒冷这个行李的北极气团，都会让我们重回冬季，感受突如其来的北方大雪。极地气团的火车还在车站上等待列车员出发的号令，阴沉沉的天空里，到处是黑压压的乌云，好像准备出发的火车烟囱里冒出黑烟，笼罩着车站的天空。

从南方黑海的上空，诞生了一股热带气团，它向高加索和克里米亚奔去，带着地中海的水分，带着非洲沙漠极其微小的尘埃。天气预报者最后将 4 张图放在一起，瞧着一个个的北极气团、极地气团和热带气团怎样在苏联境内横冲直撞。

想知道北极气团什么时候旅行到我们这里吗？这要看它乘坐的是高铁还是慢车。一般的列车需要火车头牵引，空气火车是不需要的，因为它专挑下坡路走，从气压高的地方，流向气压低的地方。哪里的坡度越大，它就跑得越快。

在天气图上，用黑色的等压线将气压相同的地方串联在一起。等压线紧挨在一起的地方，说明气压差大，坡度比较大，空气火车就跑得快。等压线离得很远的地方，气压差就小，坡度比较小，空气火车就跑得慢。根据气压的坡度，就可以知道气流火车的速度。

当然可以用公式来计算，但那太费时间，我们一般使用著名的气象学家塔波洛夫斯基发明的一种计算尺。这尺子是用透明有机玻璃做的，上面刻满了曲线，标示了气流速度的高低与等压线距离的宽窄之间的正比例关系。天气预报者只要把这根尺子放在天气图上，量出两根等压线之间的距离，就可以通过曲线知道这列空气火车6个小时后将会行进到哪里。

如果这列空气列车匀速前进，那问题就简单了。比如，在最近6小时里，空气列车跑了300千米，那么再过6小时，它还会再跑300千米吗？当然我们的假想需要实践来证实。与其在这里闭门造车，不如发个电报问一下它究竟行进到哪里了。

天气预报者的桌子上放着气团图，也放着高空气象图，高空气象观测所的同志们是不会凭空想象的，他们会真实地告诉你用无线电探测器和测风气球观测出来的空气速度，于是大自然就验证了你提出的假想了。

▲ 一个即将发展为飓风的热带气旋

能假设我们的空气列车是沿直线行走的吗，它们速度不变，方向也不变。当然这是不现实的。你见过匀速行进的直线火车吗？现实中的火车，如果碰到山，它们要么绕道，要么穿隧洞，并且时快时慢，沿途要上货，下货，上人和下人。

气流的状态也不会是一成不变的；它们遇到山的时候，也会绕道或者从山顶翻跟头过去，如果山太高或者它的发动机动力不够，就翻不过去了。假

如没有阿尔卑斯山和高加索山的抵挡和庇佑，像意大利和高加索那些盛产橘子的地方，恐怕就经常会有寒冷的北极气团光顾，那时不要说橘子，估计连橘子树也活不了。美国德克萨斯州的居民，就经常抱怨没有这样的山，没人拦着从北方侵入德克萨斯州农场的寒冷空气，以至于把他们的树木全都冻僵了。

空气的列车是频繁变动的，它们在海洋里带上了水分的行李，慷慨地送给陆地。它们向北方旅行，把南方草原的温暖，送给那些冻土。它们跃过沙漠时，还带上很多沙尘，撒哈拉沙漠的沙尘，坐着这趟免费的列车，能旅行好几千千米。难怪加那利群岛的水手们会觉得奇怪了，他们轮船甲板上漫天飞舞着灰色尘埃，把他们的甲板搞得像水泥厂一样。

空气列车在行驶中将会遇到意想不到的变故。让我们搭乘西雅图到科他去的"海洋性极地气团"列车一起去旅行。在太平洋，它带足了水分，但行进到科他时，火车却全空了，它将自己所有行李，都抛撒在落基山和喀斯喀德山上。

天气预报者准备预测明天气团会抵达那里，这些气团上有那些货物和行李：干燥的、潮湿的、寒冷的和温暖的天气。

我们把气流比喻成行驶的火车，车上装满了云和雾，但也不是十分确切的。现实中的火车基本不会有撞车的时候，但空气的火车碰撞在一起却是常有的事。当"大个子"——寒冷而沉重的空气遇到"小个子"——轻盈而温暖的空气时，它就要把暖空气高高举起，扔到一边去。于是它们开始大战300回合，在无比广袤的战场上，气流的波浪彼此起伏，浪与浪的波纹长达数百千米远。

天气预报者看天气图，他们清楚地看到了一个个波浪在流动，而他自己则置身事外，成了一个欣赏风景的人。有时海面上的浪不大，有时海面上却波涛汹涌，泛起白花花的浪花。空气的海洋也像水的海洋一样，变化多端，神秘莫测。

巨大的波浪掀起来，又落下去，形成旋风，变成气旋。我们每个人都会有感觉，气浪在城市屋顶的上空翻腾，气浪在哪里掀起旋风，哪里的天气就会变坏，狂风敲打着房门，似乎要撕碎墙上那个小小的窗户。

气旋到我们这里时，我们都能感觉到它，但天气预报者需要在没有到达前就发现它，他看着气旋出生、成长。短短几天气旋便从少年，成长为青年，直到老去，死亡消失。他们谈到气旋时，就好像在谈论一个人物，说它是"年轻的气旋"。年轻的气旋身强力壮，只需要一天，就能走到我们的跟前，相反"年老的气旋"有时还无力到我们跟前，就已经死去。

气旋是前赴后继，此起彼伏的，在东部伏尔加流域，一个"年老的气旋"正在苟延残喘，在它生命的最后几天时，西部冰岛沿岸一个"年轻的气旋"正在茁壮成长。如果想要预测天气，必须了解气旋的出生、成长和死亡的全过程。

苏联的气象学家塔波洛夫斯基和波郭沙，为了研究气旋的生活，做了大量艰苦卓绝的工作。我们曾简单地把气旋比作火车，但真正的气旋要复杂得多。像画火车一样将气旋画在地图上是不行的。天气预报者还要借助大气物理知识，琢磨大气层里空气的 72 种变化。

继续观摩天气一览图，我们知道红色和蓝色的箭头代表高空的风，如果箭头在一个地方分开，说明那里的空气在向两个方向冲击，气压变低，并越变越深。

高空气象图上的低气压、高气压，冷空气、暖空气、干燥空气和潮湿空气同样在告诉天气预报者：气流、气旋和反气旋在以什么方式向什么地方移动。而气流能量图则告诉他：气流里蕴含的能量，足够制造多大的雷雨天气。

天气预报者们几乎无所不知，无所不晓，他们是天气的好朋友，也是气候的好朋友。气候告诉他，地球上有哪些楚河汉界是天气永远迈不过去的坎。比如，莫斯科的 5 月的温度，是绝不会低于 10℃。莫斯科 7 月街头的气温，也绝不可能爬升到 40℃之上。

气候又是一门什么学科？气候是长期以来天气观测者综合而简约的经验。如此看来，天气预报者仅仅知道昨天的天气是不行的，如果他真的想去未来旅行，那就要先试着朝另外一个方向——过去去旅行。对于希望预测未来几星期，或者几个月天气的人，先去过去旅行更为重要。

预 测 未来

中央天气预报研究所这边是短期天气预报者的房间，隔壁就是长期天气预报者的房间，短期天气预报者不会超过明后天的未来去旅行，但长期天气预报者却要去下星期，或下个月，在 11 月的时候，就到 12 月里去旅行。

▲ 乌鸦叫雨

很久以前，人们就希望能预测短期与长期天气。民间流传着许多关于天气的谚语。但长期天气预报真正具有科学原理的，却只有近代才有。

农夫们买牛或买马的时候，他都会占卜一下牛或马的运兆如何，他们采用的是"算卦"等这些手段。同样，农夫们也常常用预兆来推测天气，因为天气如此重要，它可以让人一夜暴富，也能瞬间让人一无所有。

夏天会是干旱炎热还是湿润多雨？是凶年还是丰年？稻草能如期晒干还是会浸烂田间？千百年来，农夫们总是记住大雨、旱灾或寒流降临前的前兆，他们的方法算不上科学，有时可以说是盲人摸象。但他们有敏锐的观察力，他们用自己的理解，寻找着大自然固有的规律。

春天里，他们看树木上的嫩芽如何含苞待放，以此判断夏天的雨水多不多。每到傍晚，他们观察天边的云彩和霞光后说："明天将刮大风。"或者说："夜里可能要降温，我去把秧苗盖上。"乌鸦叫预兆下雨，燕子贴着地面飞，也要下雨，如果明天是晴天，燕子们是会展翅高飞的。

诗人费特曾经这样写道：

等待着明日的晴天吧，
燕子在高飞，在呢喃。
像一条柳红的火带，
晚霞透明地映照着。

这样的水文方面的谚语还有很多，在斋戒期那天，如果母鸡在家门口张大了嘴巴喝水，那么春之神将会提前光临，冰雪会告别得更快。还有一些诗句也是描述天气的，如"清明时节雨纷纷……"。每年6~7月份梅子成熟的季节，南方会持续将近一个月的阴雨天气，他们亲切地称之为"梅雨季节"。

他们还观察新月的模样，峨眉月的角尖朝下的话，将会连下一个月的雨。老年人更是预言家，他们通过筋骨是否酸疼，能准确地对未来的天气做预测。所以民间的那些预言，也不全是迷信的，这是劳动人民在长期的生活劳动中总结出来的经验。

比如燕子为什么会展翅高飞？因为暖和的地面把空气烤热了，于是空气开始向上升腾，燕子喜欢吃的小虫子也飞到很高的地方去了。暖湿空气如果紧贴着地面，燕子也只好客随主便，贴着地面觅食。可以说燕子就是一个观测气流是否稳定的仪器，人们通过它们，就可以得出自己的结论。

但是在民间，也有很多都是一种迷信。因为他们没有足够的科学依据，只是随便地瞎猜罢了。但是他们非常渴望天气预报的准确信息，就像需要知

道要买的牛是好还是坏一样。

所以长期天气预报越发重要。现在的人们不但在森林里和田野里劳作，而且还在海洋里、在天空中、在海底世界劳作，工作的内容和种类越来越多了，组织和计划也越来越广了，人们比以往任何时候都更需要预测未来天气。

但是预测未来天气，走在时间的前面可不是一件容易的事情，在三维空间里移动是人们擅长的，不管是陆地，还是海面，不管是上下左右，或者任何方向，人们都进退自如。但在时间这条道上，人们却还是个蹒跚学步的小孩子，他可以深入过去，挖掘地下或研究考古，但要迈进未来，却要难许多倍。在很久以前，人们觉得费次洛是一个骗子，因为他想到明天的未来天气去旅行，而现在，人们开始骂那些想要到比明天更遥远的未来去旅行的人。

1931 年，气象学家查理斯·杜格拉斯曾经在英国皇家学会的杂志里发表过一篇论文，里面说："不应鼓励那些从事长期天气预报的人们，因为他们往往跟欺骗如出一辙。"但尽管如此，还是有人甘愿冒着骗子的骂名，从事这项看起来很虚无，连很多知名教授也认为无能为力的工作。

这些人还是倔犟地在一大堆旧纸堆里埋头研究，他们研究了成千上万张短期天气预报者早已锁到档案库里的旧图表，因为只要这些图表过了 3~4 天的年龄，就已经是高寿，对短期天气预报者来说就是废物了。但是别人唾弃的东西，对长期天气预报者来说却如获至宝。

在多年的观察记录里，长期天气预报者终于在一大堆数字的字里行间，找到了通往未来的路。他们比较这些数字，想尽力找到其中的痕迹，他们竭尽全力想琢磨清楚，这些数字里有哪些周期性的现象。

这些数字里是有一些周期性重复现象的。比如，恰好 100 年左右，列宁格勒就会发生一次洪灾，在 1724 年、1824 年和 1924 年，列宁格勒都发生了水灾。在欧洲最为暖和的年份里，差不多每 45 年会重复一次，比如在 1778 年、1823 年、1868 年和 1913 年，都是最暖和的年份之一。

这一串数字摆在面前，他们真心希望相信这就是进入未来的门，至少是其中一扇门，把所有这些门串起来，通往未来的世界就向他们完全敞开了。然而，2024年列宁格勒就一定会发生下一次的大水灾吗？1958年欧洲一定会重回最暖和年份的行列吗？

如果事情如此显而易见就好了，投骰子时，如果连着三次都是"6"，并不意味着第四次同样会是"6"。万一我们上面总结出来的规律其实不是规律，仅仅是一种机缘巧合呢？这样做无疑像是一个玩轮盘手枪游戏的赌徒一样，妄想在那一串数字中找到怎样才会赢的规律。

怎么来分辨是规律，还是巧合？规律之所以不同于巧合，是因为它背后有一个必然的原因，一个时刻在数字后面隐藏着的大自然的必然因素。如果在数字代表的大自然中间寻找因果关系，而不仅仅是在这些枯燥的数字之间寻找规律，那样才能找到真正的原因。

大小天气

有些科学家热衷于从统计学的角度找寻长期天气预报的大门，与此同时，另外一些科学家们则觉得不应该被抽象的数字蒙蔽了双眼，应该研究隐藏在数字背后、出现在我们面前的大自然。

他们认真研究地球这架机器，想了解这个行星大气的工作原理。所谓长期的天气，或者说气候指的不是一天的天气，也不是某个城市的天气，而是几个季节的天气，几个大陆的天气。

苏联科学家穆尔塔诺夫斯基，翻阅了所有旧天气图，为的是了解气流在地球上移动时，有没有什么规律，如果有，它们遵循什么规律。天气有没有旅程表，它与气流又有什么关系。

这些都需要弄明白，但有一个很大的困难，普通的天气图只是一瞬间的事，一瞬间的动作，而穆尔塔诺夫斯基需要看见无数天的天气，所以他需要将许

多天气图合编成一张综合天气图。

一张普通的天气图上，已经有令人眼花缭乱的符号了，他要是把所有这些符号全都挪到一张图上，那不是跟把整张纸全涂黑没什么两样了吗？

因此，要研究长期天气，不但要编制特别的天气图，还要发明一种特别的文字——更简单，字母更少的文字。于是穆尔塔诺夫斯基在这张综合的天气图上，只留下最后画出来的最重要的部分——用圆圈表示的反气旋，用圆点表示的气旋和用箭头表示它们运行的路径。

当这张综合天气图填写完后，所有的原点集合在一起，形成了很多天的"低区"——低气压区域，圆圈也集合在"高区"——高气压区域。穆尔塔诺夫斯基仔细地观察这幅变化莫测的风景画，在山脉和山峰附近，风景变化缓慢，圆圈和圆点徘徊在自己的地盘里，一点也不敢越界。5~8天，风景画开始变动了，低区变成了高区。

显然，这个变幻莫测的空气风景画，变得并不迅速，每次至少能保持好几天，天气也就跟着不怎么变化。它不是不停地每个小时都有变化，而是突如其来地改变。穆尔塔诺夫斯基给这个新冒出来的时间标准取名为"适用自然规律的天气周期"。

移动的气流受气压、高山和空气画卷的影响。如果空气画卷维持原状，空气的火车就总是在同一个轨道上奔跑。只要空气画卷稍有变化，空气的火车就会立刻转到别的轨道上去。这是一些什么样的轨道？穆尔塔诺夫斯基在图上标出气旋和反气旋的行程，他发现了几条主干线，这是它们的必经要道。主干线像列车轨道一样，在地图上蜿蜒着，把北角跟卡萨赫斯坦、古比雪夫连在一起，把克里米亚和阿速尔群岛连在一起，把尼日尼·伏尔加和卡拉海也连在一起。气流在有的干线上旅行多，在有的干线上旅行少。

停留空气火车的车站，也不是随心所欲的，都有固定的地方。欧洲来的气旋，大半诞生于冰岛周围，往亚热带奔去的反气旋，则大部分诞生于北极圈或阿速尔群岛附近。穆尔塔诺夫斯基终于明白为什么空气列车是这样周而复始运行，而不是走别的路线。

他熟悉了地球机构的内部结构，他好像亲眼所见，太阳的力量和地球自己的力量如何推动循环的大齿轮。这些齿轮源源不断地将空气从赤道运往亚热带，在那里堆积一个气压的高峰，一片挤压在一起的高气压地带。这些循环着的轮子又常常把赤道和亚热带的空气输送到南北两极去，然后把它消灭在寒带。在这两条布满反气旋的轨道中间，会产生一个低压的气旋。

比如，有一个反气旋从亚热带和寒带的气压高山上倾泻下来，匍匐在地面前行。有的带着亚热带的温暖从阿速尔群岛跑向苏联，有的随身带着雪和寒气，从寒带跑向苏联。

它们的行程也不是随心所欲的，而是顺着干线行进，穆尔塔诺夫斯基给那些干线取了许多类似铁路线的名字，如卡拉线、北角线、卡宁线等。它们的行程在时间和途经地区方面都有自己独特的规律，跑了5~8天后，就会转到另外一条新干线上去。而且每个季度就会更新一张旅行行程表。

初冬，在寒带的海洋已封冻，冻土地被雪覆盖，寒带气流的组织机构——寒带"活动中心"便开始运作。它把气流组织起来，带着初寒和第一次大风雪，穿梭在寒带黑暗的漫漫长夜，穿梭在寒带冰天雪地的上空。

冬天，西伯利亚"活动中心"也开始工作了。西伯利亚的雪地，像一个巨大的冰箱，冰冻了它上空的空气。这个气团调皮地跑到苏联来了，它无声地逼迫着人们不由自主地往炉子里添煤。

春天，太阳胜利了，南、北方已没有了显著的区别，西伯利亚的"冰箱"也停止了"冷冻"，寒带的组织机构也解散了，冰冷的极地气团不再光顾南方。但阿速尔的"活动中心"开始激活了，从南方和西南方过来的温暖气流，和太阳一道融化着田园里的雪，敲碎了河流里的冰。候鸟追随温暖气流飞来了，即使一个不懂气旋与气流的人，也会想起这首诗来："春眠不觉晓，处处闻啼鸟，夜来风雨声，花落知多少。"

樱花盛开的几天里，最后的冷气流列车跟随在温暖气流后面驶来。喧哗

▲ 年轮

的候鸟，漂亮的樱花都是极为准确的气象仪器，向我们报告冷气流和暖气流的行踪。

秋天，苏联全境开始充满着冷气流的时候，野鹅野鸭们早就赶在寒流之前飞走了，最后一群候鸟，仿佛是暴风雪将它们吹出来了似的。

我们伟大的自然，好像一个实验室，不断地做着各种各样的新实验，也有许许多多的气象观测仪器。

这次不是普通植物，也不是小鸟了，而是一些天然的仪器。有一种像钟表一样能准确指示时间的植物，它的名字叫紫茉莉，一般在傍晚时盛开，一到白天它就合上了双眼。

植物不但是一只温度表，而且也是一只湿度表。它们对冷热、干湿都反应灵敏。锯断树干的时候，我们可以看到树木的年轮，它就像一个自动记录仪器一样，记录着每年的天气情况。雨水多的年份年轮宽，干旱的年份年轮窄。它的树枝就是风向标，如果树枝都是朝着同一个方向生长的，那它就不仅是一个气象仪器，而且是一个气候仪器了，指示着当地常年刮的风向。

湖泊如果没有出口，那就是一个巨大的量雨器，这种气候仪器可以明明白白地告诉我们：气候到底是干燥的还是潮湿的。

我们的周围布满了天然仪器，但不是所有人都能敏锐感知。只有像穆尔塔诺夫斯基那样敏感的人，才能发现在落叶松和枞树丛中隐藏着的气象仪器。

穆尔塔诺夫斯基拿一张草原和森林的植物图与反气旋干线图做比较，发现森林与草原的分界线和西伯利亚线重合，草原里的草显然抵挡不住西伯利亚的寒冷。在东北方向，桦树也不会越过瑞典极地线雷池一步，枞树和落叶松也都生长在北极线之内。

如果换个科学的角度来看大自然，发现大自然呈现给我们的完全是另外一幅崭新的面孔。小时候我们都读过"春来了，春来了……"这样的诗句，这首诗是如此浪漫，但气象学家却清楚地知道，春夏秋冬是沿着什么路线，从什么地方一步一步走到我们面前来的。

比如秋天是从西边向我们走过来的，当冰岛的气旋制造厂和气流列车开始上班的时候，愁煞人的秋风秋雨便来临了。

再比如冬天，西伯利亚的大"冰箱"开始冷冻，冲锋在前，极地气流列车紧随其后开始工作。有时，因为一股暖流格外顽强，北方的海很晚才封冻，带着白雪公主和圣诞老人的特快列车——"极地高速号"便会晚点很多天才能到。

天气有自己的季节，它不是春夏秋冬 4 季，而是 5 季，有一个冬前季，生生插在秋季和冬季中间。每一季都有一张人们看不到的"作息时间表"，如果你想了解上面的内容，需要研究透彻气流列车的行动规律、铁路方向、火车组织方式，甚至意外事故。就像列车的意外事故同样也会耽误它的行程一样。

你要先知道，气流列车在沿着哪条干线上运行，是从罗佛敦还是从阿速尔群岛，或者新地岛驶来。有时它们可以横跨两条干线行进，沿着阿速尔线与极地线，或者沿着西北的极地线和东北的极地线同时前进。这是需要判断，哪种气流是强势的，能牢牢地控制天气的好坏。

了解这一切的人，就是一个不愿只看车站的乘车指南，而希望自己编写列车时刻表的人。他站在车站，手里拿着铅笔和表格，一边观察着列车的行动，一边用一个小本子，记下列车抵达和出发的时间。

但是如果西伯利亚的特快列车误点了的话，他怎能知道？一趟快车昨天是 11 点到达的，今天却是 13 点才到达，他又怎能知道呢？跟天气时刻表打交道，比列车时刻表复杂得多，所以气象学家觉得长期天气预报是最困难的事情之一。但不管多难，还是有很多人，比如穆尔塔诺夫斯基和他的学生巴加瓦等，他们在研究天气列车的时刻表，并在 3 月份的时候，就试图预测 5 月份的天气。

但他们不是一个人在战斗，有三种假设在帮他们。第一个假设是具有自然规律的天气周期。在这一个天气周期里，综合天气图上的气压画卷——低压区和高压区的位置，会保持基本稳定，相对不变。

第二个假设是具有活动中心，这些中心地带支配着气旋、反气旋和气流的动向。由这两项假设，天气预报者就会知道，天气将如何变化，并会持续多久。

但天气究竟会在什么时候变化？在哪个月的哪天发生变化？这时我们需要第三个假设。第三个假设是，大气的生活具有 3~5 个月的周期性循环特性。研究旧的天气图合成的综合天气图时，穆尔塔诺夫斯基发现大气的生活有稳定的周期。假如 11 月从新地岛向巴尔干半岛有反气旋侵入，而在往后 3 个月时间里，没有其他侵入者从东北方侵入，那么 3 个月后它会再次出现。除了这种 3 个月的周期律动，还有 5 个月的周期律动。

天气状况有规律地重复出现，它就像钟摆来回摆动一样，能给天气预报者提供准确的时间。大自然真的会有如此精准的周期重复现象吗？

每年都有冬去春来，但这个新春天与之前任何一个春天都有所不同，虽然看起来它们是如此相像，但不同的地方却又非常之多。当我们发现了过去春天的影子，让我们想起过去的春天时，我们欢欣鼓舞。但当我们在新春天的韵味里发现了从未有过的新奇之处时，我们便更加激动。

大自然跟人生是一样的，不但节奏均匀，而且韵律十足。难怪邱特契夫这样写道：

> 海洋的波涛里有美妙的调子，
> 自然现象的争论里有和谐的声音……

当天气预报者倾听着天气美妙的节奏和如诗般的韵律时，他就能想起这样的优美诗句。最后，他终于在综合天气图上标记好了下个月或下个季度的天气预报。一个想法迅速萦绕在他头脑里：以前的天气图上有没有跟它类似的情形呢？他继续找寻着这种"类似情形"——天气的韵律。

电脑的 记忆

经验丰富的天气预报者们能记住很多东西，但一个人的记忆力无论多强，也只能记下有限的东西。你能在大脑里记下成百上千张天气图和成千上万张表格吗？

当我们遗忘的时候，就可以翻一下备忘录。但是如果将气象观测站每月所有的图表订成一本厚厚的备忘录，我估计没有那么大的口袋能装入，因为它们有100多米厚，几百万页，并且还在持续增加，这个高度简直可以跟摩天大楼比肩。我想，敢揽这种瓷器活——装订这本备忘录的人，一定是个有本事的大工匠，当然做这项工作也不是十分必要的。

旧图表保存在书库的书架上就可以了，但要在里面找到自己需要的数据，翻看那些布满尘埃的书不是一件容易的事情，因为那些数据甚至比地球上所有人还要多，你可以计算一下，100万张表，每张表按5千个数据计算，不是有50亿之多吗？你想找一个人，只知道他住在地球上，你觉得你花多长时间能找到他？

如果你确实需要它，你就不得不钻到那成千上万的旧纸堆里去寻找它。气象学家想找到和现在的图表类似的图表，气候学家要找资料支持自己的统计工作，以便计算出平均数字，或者判定冷、热气压的区域。他们不知疲倦地翻阅着那些数据，有的图表都翻烂了，它们的4个角都掉了，而且里面字迹也越来越淡，变得模糊不清，有的还需要重新抄写，但重抄后又有可能带入新的谬误。

整理档案库就要花上好几年的时间，抄选花去的宝贵光阴就更多了。气

候学家们、那些去未来旅行的人们——天气预报者们还在档案库里查找资料时，未来就已经变成了现在，而现在早已经成为过去了。这可怎么办呢？

　　就像显微镜和望远镜是我们眼睛的助手，起重机是我们双手的延伸，在各种各样的工厂里，我们有数千种机器充当着我们的助手，那么有没有一种机器来帮助我们来记忆呢？当然也是有的，我在中央水文气象档案保管库里亲眼见过，它有一个美丽的名字——电脑。

　　提到"档案保管库"，你是不是马上想到很多堆满档案夹的书柜？那里是纸张、灰尘和老鼠的地盘。周围寂静无声，偶尔传来苍苍白发的保管员蹒跚行走的声音，以及翻书的窸窸窣窣的声音。但我在水文气象档案保管库看到的景象却截然不同。那里就像一座工厂，放置着有一排排的电脑，它们都可以敲打出声音。许多年轻的姑娘守着这些电脑工作。

　　档案保管库的主人奥姆山斯基（1944年不幸于前线阵亡）热情地接待了我们的参观。这个充满了青春气息的年轻人也不像个档案保管员，他热情地给我介绍起他辛苦结晶的电脑计算工厂来。

　　这个工厂的材料是各个观测站成千上万的数据表格、观测记录、天气图和综合天气图。工厂的第一步就是要把这些做成电脑能识别的材料，以后就

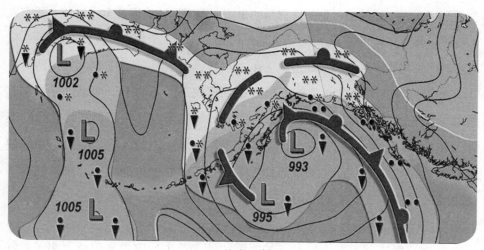

▲ 综合天气图

都是电脑来加工整理，完全不用人工了。

人是用眼睛来读取数据的，电脑的"眼睛"跟我们完全不同，所以要将数据表改头换面，让电脑的"眼睛"能读懂它。看，这里还有一排机器——打孔机，它的工作是将数据表变成一张张布满窟窿的小卡片。每个小窟窿代表一个数据，小窟窿在行列中的位置，可以代表观测站的序号，也可以代表日期，还可以代表风力、温度和气压。

这种打孔机看起来像打字机，然而它们并不能打出数字或字母来，只能在卡片上打出许许多多的小窟窿眼。超过3000座观测站向这里送数据表，每年这些数据表就会变成300多万张布满了窟窿的卡片，大约165张卡片能装下一张有5000个数据的数据表。

但综合天气图要难多了，怎么把图上的气旋和反气旋搬上小窟窿卡片呢？只好先把天气图化作一连串数字，然后再把数字搬到卡片上。还要规定一些数字代表天气图上的位置，比如巴伦支海、西欧和西伯利亚西南部等。另外还有一些其他的数字代表气压风景画，比如0代表强烈的反气旋，6代表低压区，7代表弱气旋，罗马字母X代表鞍形低压。

天气预报者是怎样使用这些工厂的呢？比如他已经编好了一张上月的天气综合图，想找一张跟它匹配的图——图上的气旋和反气旋位置跟它基本一致。天气预报者便向工厂下订单：请他们找出这样类似的图来。工厂接到订单后，首先将这张天气图也搬运到小窟窿卡片

▲ 天气预报图标

上，然后开动检索电脑，这台电脑本领巨大，它能在成千上万张卡片中，准确地抓出与已知的卡片相差不大，或者完全一致的卡片来，扔到操作者面前。如果这个事要人来做的话，几个小时也不一定能完成，但这台电脑几分钟就做好了，一刻钟之后，天气预报者就得到了他需要的答案："某年某月，当月的天气跟这张图的现象一样，后面是那个月天气的情况……"

人们跟工厂提出各种各样的查询订单，有人问它："过去一个月里，有多大比例的时间里温度是在0~5℃？"工厂回答："1%。"还有人问："去年各观测站的气温变化情况怎样？"工厂于是给他一个详尽的回答，而它所耗费的时间，只需要最敏捷的人的几十分之一。

有些科学研究需要找到他们需要的数据，如果人力搜索需要几年功夫，而电脑只要几天就能完成。有了这样的电脑帮助人类，人的脑子就不用做那么多繁重的工作，彻底解放出来了。你可以告诉电脑：你记住就好了，我可不愿意去记数以兆计的枯燥数字，我需要的时候再问你，你到时告诉我就好了。

科学家们常常觉得自己的脑袋不堪重负，现在人们已经发明了无法估量的电脑，我们需要做的就是恰当地使用它们就好了。这些设备对气象学家们尤其重要，化学家们可以坐在实验室的办公桌前拿起试管做实验，但气象学家们却不能随心所欲地安排北半球上空的气旋和反气旋。

第 **03** 章

· 预测风暴与洪水 ·

在气象学诞生不久的童年时代，还只有观察和记录。现在，也开始做实验。中央地球物理研究所就有过一间"制雾工厂"，气象学家可以在那个塔形建筑里随时制造、驱散雾。气象学家也越来越依赖数学这个工具了，虽然以前他们也经常跟数据打交道，并用数学计算过，但那时还仅仅是定性预测，现在已经到了利用数学公式定量预算天气的年代。

预测 潮 水

预测潮水的电脑已经有人发明了。发明这个之前，我们首先要搞清楚什么是潮水？希腊航海家彼费，是世界上第一个注意潮水的人。有一次，他正航行在不列颠海岸时，惊奇地发现了一堵海水筑成的墙正迅速地向大陆袭来。

物理学家牛顿和拉普拉斯，生物学家查理斯·达尔文的儿子乔治·达尔文，都关注和研究过潮水。随着科学家们一步步逼近潮水，渐渐看清了潮水的本来面目，他们描绘出了由太阳、地球和月亮共同作用的机器——潮水制造仪的工作原理。

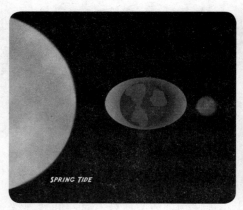 

▲ 大潮时，地球、太阳和月亮的位置　　▲ 小潮时，地球、太阳和月亮的位置

这3个巨人都在竭力地争取着全世界的海洋。论力气，太阳理所当然是老大，但它相距甚远，鞭长莫及；虽然月亮要近些，但比起地球来还是逊色很多，在这场三角争夺战中，地球是无可争辩的赢家、当之无愧的"主宰者"。

就这样，太阳和月亮联手把海洋抬了起来，让汹涌的潮水肆无忌惮地拍打着海岸。如果3个巨人都一动不动的话，事情就没那么多纷争。可是他们3人一刻不停地在运动着，海水只好在他们的作用下疲于奔命。加上海岸、海底深度和其他各种障碍物联合起来，与太阳、地球、月亮3个主角展开了一场拉扯海水的游戏。这出复杂的游戏，每天都各不相同。

科学家们为此伤透了脑筋，即使现在，他们还是不得不为每个海口单独来做计算。船长们关心的是潮水高度，涨退潮时间等。所以必须先编制一年中潮水每天上下班的作息时间表。这项计算最少要花费2~3个月的时间，这么庞大的计算，人的大脑已经不够用了，人类自己发明了更快更好的电脑来帮我们计算。

计算潮水的电脑只需要两天左右的功夫，便可以把这个计算完成。但这样的电脑十分复杂、昂贵，所以即便是现在，也不是每个港口都人手一台的，甚至不是每个国家都有一台这样的电脑。

我们地球的生活，每一个角落的细节就如此晦涩难懂，如此难于计算，更不用说整个地球复杂而丰富的生活了。如果这台电脑除了预测潮水，还要预测风、雨、雷、电、洪水和风暴，那它的结构就不知要多错综复杂了。

与三头门神的战斗

科学家们研究事情都有自己的一套方法，那就是观察、实验和理论。观察和实验的方法给了他事实和数据，而理论则是从数以亿计的数据和不计其数的事实中提炼出来的共同规则、方程和公式。

公式就是用字母替代数字，用代数替代算术。每一门精确的学科，都有成熟的方程和公式。

在气象学诞生不久的童年时代，还只有观察和记录。现在，也开始做实验。中央地球物理研究所就有过一间"制雾工厂"，气象学家可以在那个塔形建筑里随时制造、驱散雾。气象学家也越来越依赖数学这个工具了，虽然以前他们也经常跟数据打交道，并用数学计算过，但那时还仅仅是定性预测，

现在已经到了利用数学公式定量预算天气的年代。

你肯定认为这是不可能的事情，因为我们生活的星球是一个多么错综复杂的机器呀，如果我们同时解剖这台机器所有零件的话，那将有许多凌乱的方程和公式，即使最有经验的数学家也对此束手无策。德国科学家科什米德尔说，我们将碰到"无与伦比的数学困难"。

我们真的能定量计算出天气来吗？英国科学家杜格拉斯在一篇论文中问道："未来的天气预报，数学将扮演什么样的角色？"他的回答是："现代天气预报的实验对此无能为力。"

还在1920年时，英国一个叫查德逊的气象学家就创造了一个方程式，用它可以推算明天的天气，但他真正用这个方程来计算的时候，发现算出来一天的天气需要花费整整一年的时间。你会聘请一个花一年的时间才能做出明天早餐的厨师吗？

苏联也曾经研究过预报天气的课题，为此中央地球物理研究所还成立了一个专门部门。为了预算天气，弗里德曼教授、柯青院士等苏联科学家们决定先从天气物理学入手。

数学脱离了物理就是无源之水，无本之木。克雷洛夫，这位科学院院士曾说过："数学是磨房，磨什么都可以，但需要磨的粮食是来自大自然的。"天气在大自然里是如何工作的呢？在大地上空，流动着温暖或者潮湿的空气，力学是研究流动的，热学是研究冷热的，所以为了推导天气的预算公式，必须请这两门物理学科来加盟，仅仅靠数学是无能为力的。

苏联科学家基别尔教授在他的论文中写道："根据力学推理出来的原理，天文学家们成功预测了行星的运转轨道，炮手成功计算了炮弹的轨迹。液体力学和气体力学帮助人们预测了潮涨潮落和堤防设计，甚至指导设计了飞机机翼和涡轮的外形设计，我们有什么理由不请力学来预测天气呢？"

基别尔教授也提到了科什米德尔和杜格拉斯，之前他们曾经说计算天气的预算公式是不可能的，所以他说："听了他们的话，就感觉在预算公式的大门外，站着一个三头门神在把守着。"

他说的是哪三个头呢？门神的第一个头便是："只要一看开始几个物理数据的繁复程度，就足以让人手足无措。"我们都知道，每次数学计算都是从已知数开始的，一般计算之所以很难，都是因为已知数不足。但在预测天气的计算里，已知数包含今天的温度、湿度、气压、风，还有很多别的东西，并且这些参数在成千上万个地方都有，从早到晚，甚至深夜一直会有，从地面直到空中也都有，所以这个计算的难度，是因为已知参数太多了。

我们看一下门神的第二个头，那就是："没有办法归纳出流体力学的方程。"我们上学的时候，即使是两个方程的计算，就已经让我们焦头烂额了，而现在这里远远不止两个，而是很多个，更何况还包含结构复杂的微分方程式，以及许许多多的未知数。

门神还有第三个头："即使计算题的算法已经有眉目了，但每一步的计算，需要太多时间。"如果为了计算明天的天气，需要花费成千上万年或更多的时间，我想你一定会望而却步了。

我们需要将这个复杂的问题简单化，但这个步骤却是非常麻烦的。基别尔教授站在前人的肩膀上，勇敢地向这个三头门神下达了战书。首先我们需要整理令我们一头雾水的已知物理数据。天气图上有很多的观测点，每个点的气温和风等数据都不相同，基别尔教授提出不采用每个点的温度数据，而采用某个区域的平均温度数据作为计算题的已知参数输入，不采用某个瞬间的风力值做已知参数，而采用某个时期和某个区域平均的风力值做已知参数参与计算。

造成物理数据杂乱繁复的情况，还有一个很大的原因，那就是我们的观测站一般都在贴近地面的位置，而各地的地面情况是千差万别的，有的地面是沙滩，那里靠近地面的空气会被太阳晒得很热，有的地面是森林和湖泊，那里空气就比较凉快。暖风和冷风搅合在一起，形成一个旋涡，所以天气图很紊乱。如果将观测的地点抬高 1000 米或 1500 米，天气图就会纯粹而简单多了。所以要将让计算简化，须采用离地面高一层的数据作为已知的参数输入，于是，基别尔教授把这个归纳成了一个数学公式，杂乱繁复的现象消失了，门神的第一个头被他成功地砍断。

开始真正推导公式了，但事情进展仍然毫无头绪。空气跟地面相互摩擦，并从地面掳走热量，问题更加复杂化了。在流体力学中，管子里的水也会与管壁发生摩擦，并产生热量，有个叫柏兰特尔的科学家发现了一种简化水管与管壁摩擦的计算方法，能否把这种方法也用到地面气流上来呢？这里的管子非常庞大，下面的管壁是地面，上面的管壁是大气层的平流层。

基别尔教授采用了柏兰特尔的简化方法，问题真的变简单多了，但还是有一点点复杂。原来预算公式里参数的尺度不够大，在预测一昼夜的天气的计算中，用1小时做时间单位只不过是弹指一挥间，而长达100千米的区域也不过是一个微不足道的小点罢了。所以基别尔教授采用1整天来做时间单位，采用500千米来做长度单位，方程式终于开始删繁就简。

我没法跟你解释清楚基别尔教授的公式推导的过程，就像我再怎么跟你说，也没法说清楚莫扎特音乐的美妙一样。要体会优美的音乐旋律，你必须去音乐会。同样要知道基别尔是怎么推导他的5个公式的，要看懂他的数学符号，你必须事必亲躬，去阅读他撰写的专著。

总之，预算天气方程式推导总算完成了，得出的几个公式，可以用今天的天气数据做参数，推测出明天的天气情况。根据今天早上观测站和空中探测器得到的气温和气压等数据，放入这些公式中，我们便可以得到明天地面和空中的气压、气温、风和空中的气流等信息。但是还有最后一个障碍，就是门神的最后一个头："公式不但要能计算，而且还需要快速地计算。"

基别尔教授把门神的这个头也砍掉了。他进一步简化了公式，理查德逊要计算1年的东西，基别尔花费半小时就全部计算完了。这样，一个无比困难的科学难题就被基别尔教授等人解决了，这是一个关于定量预测明天的天气的问题，能准确预算明天的气压、气温和风等。数学家们和天气预报者共同坐在中央天气预报研究所里，一起承担着天气预报这项工作。

如果将来建立更多的高空观测站和更多的无线电探测器，预报的准确度将还会更高。基别尔教授和他的同仁们还在努力改进他们的预算模型，他和弗里德曼、柯青等科学家们，为气象学做出了具有开创性和革命性的贡献。

第一个里程碑式的进步在 30 年前，那时天气预报者们除了将气温和气压加入天气预报的行列外，另外还将气流与气流的碰撞作为参考。第二个里程碑式的进步则刚刚开始，现在人们已经开始定量预算天气，而不仅仅是定性预测天气。天气预报者们开始更多地使用"多少"等词语，而不仅仅只是"怎样"等词语。天气预报原来更多的是靠经验，而现在则更多的是靠数学公式的计算。数学和物理学的加盟，让天气预报者们从依靠经验和感觉的工匠，蜕变为天气的科学家。

每天早上 10 点多，天气预报主任办公室的桌子上就放着各种地面和空中天气的图表，短期天气预报者、长期天气预报者和数学家们都聚集在那里一起开会研讨。天气预报主任跟大家汇报了他值日这段时间天气的一举一动，以及之前的天气预报哪些被证实是正确的，大家都接收到了这些信息，于是热烈地探讨起来，他们不仅探讨过去，更琢磨未来。

长期天气预报者说，他们觉得几天后，或者下个月，我们将处在一个怎样的天气周期内，在这个自然规律作用下，天气将会有怎样的行动。有的人预测天气好，有的人则预测天气坏，大家展开讨论，他们纷纷搬出动力气象学的数据和图表，试图说服对方。大家在一起给天气预报做修正，使其更加趋于准确。最后天气预报主任总结发言："我们大家一致同意，就是这个预报了，就看明天的天气是否会给我们面子，按照我们的预报来了。"

▲ 7 日天气预报

天气预报者值了一整夜的班，按道理他需要进入梦乡了，但他却睡不踏实。即使是休假的日子，他都会不由自主地去"天空办公室"看看图，了解了解大气层里又发生了哪些新鲜事，他自己所做的天气预报到底预算对了多少。现在不是费次洛的时代了，但公众和那些对天气预报什么都不懂的人，还是常常奚落天气预报者们，嘲笑他们是"魔术师"或者"欺骗者"。

如果天气预报预测准了的话，没有人会表扬他们，但如果天气预报者预算错了短短几千米，雷雨绕道下在了另外一个地方，却没有人愿意原谅他们。

有一次一个美国气象学家说，他在天气图上看到一条明显的冷气线，于是预测芝加哥附近有雷暴雨。结果芝加哥以北的乌启根和以南的哈蒙德都下了暴雨，而芝加哥却没下一滴雨。于是乌启根的3万居民和哈蒙德的3万居民都觉得天气预报者很对，而芝加哥的3百万居民却觉得天气预报者是个骗子。事实上他的预测是正确的。

天气预报者往往是在跟数十万平方千米大的气流"巨人"在对话，但人们却往往苛求给自己生活的小小城市做天气预报。在芝加哥的居民们看来，没下雨是事实，但站在全国的高度，暴雨是落在市中心还是城郊有那么重要吗？只要它们让农田里的庄稼喝饱了水就完全足够了。

天气预报者们会设法预报最紧迫的一些事情，比如预报风暴来临，水手们知道后可以保护好轮船。比如预报旱灾，农民们因此可以保全庄稼。如果做到了这些，天气预报者们就认为他们的任务算是圆满完成了。

人们经常调侃说："天气预报者预测天气根本不难，也许下雨，也许不下，也许下雪，也许不下。"事实是这样的吗？"也许下，也许不下"，我们用很严格的数学语言翻译出来就是："50% 会下雨，50% 不会下雨"，天气预报真的是这样的吗？

这就要看天气预报的长短了。几小时的最短期天气预报，是为机场上的飞行员们准备的，好让他们知道飞机能否起飞和降落，途中会有什么天气，是否需要因为绕道气流而多加一些燃料。这种仅仅往前几个小时的天气预报，准确度可以达到 85%–90% 之间。

　　预测一昼夜的天气预报会难一些，就像靶心越远，枪就越难瞄准击中一样。但尽管如此，现在每预测 100 次，准确度已经达到 80–90 次了。最难做的是 1 个月，或 1 个季度的天气预报，但可靠性也有 65%–75% 之间。

　　这些数字说明了，天气预报准确度还是不错的，当然也有例外的时候，有时这种错误还会让国家蒙受巨大的损失。我记得 1941 年，长期天气预报者预测 5 月 1 日那天列宁格勒的天气会很冷，但短期预报者们却说天气会很暖和。大家众说纷纭，人们最后采信了短期预报者的话，参加庆祝大会的军人们都身着夏装出席，结果所有人都冻得瑟瑟发抖。

　　如果说因为天气预报者的错误，使庆祝大会进行得不那么完美的话，这并不是什么大错误，但如果因为这个错误而让军队在前线吃败仗，那就是大事了。1943 年夏天，苏联军队准备攻占奥勒尔地区，前线一直在下雨，天气预报者预测 14 日会转晴，于是指挥官下令在这一天开始进攻。

　　但天气情况似乎给天气预报者开了一个玩笑，那天的天气非常糟糕，从大西洋和地中海过来的气流走得慢腾腾的，直到 16 日天气才放晴。虽然这一仗最后还是胜利了，但并不是天气预报者们的功劳，而是士兵付出了加倍艰辛的努力，他们在没膝的泥泞中背着沾满了黑泥的枪炮勇往直前。

▲ 士兵在没膝的泥泞中背着沾满了黑泥的枪炮勇往直前

　　那我们到底要不要对天气预报者言听计从呢？我觉得还是有必要听取的，因为毕竟他们预测成功的概率要比失败的概率要大很多。但他们有必要继续想办法尽可能减少失误，所以天气预报者们的工作任重而道远，这需要更多的人付出努力。许多科学家，包括数学家和物理学家们，也都喜欢调侃天气预报者："今天的天气预报者又在胡说八道了！"如果他们不是取笑，而是一起帮助他们减少错误，情况不是会变得更好吗？毕竟天气预报跟我们每个人的生活都息息相关。

数学的河

　　如果你有机会看到中央天气预报研究所里的水文气象日志，那么你会发现，第一页是天气一览图，最后一页是水文一览图。水文一览图上也用圆圈代表观测站，不同的是圆圈周围的数字和符号给我们诉说的是水文现象。通过这张水文图，你一眼就可以看出哪里的河流已经开始流水，而哪里的河流还在继续封冻之中。

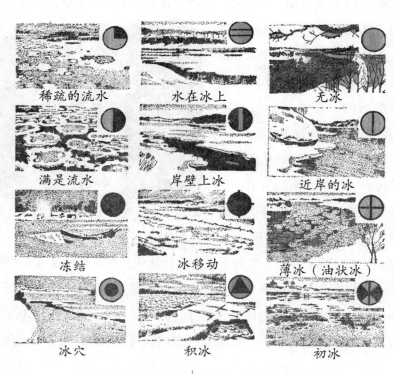

稀疏的流水　　　　水在冰上　　　　无冰

满是流水　　　　岸壁上冰　　　　近岸的冰

冻结　　　　冰移动　　　　薄冰（油状冰）

冰穴　　　　积冰　　　　初冰

科斯特罗姆和雅罗斯拉夫尔的冰还纹丝不动，古比雪河面上开始有浮冰了，摩苏尔旁边的柏利柏特河堆积着流冰，位于基辅的德聂伯河冰已经开始松动了，位于波尔塔伐的伏尔斯克勒河里的冰则已经滑动，位于克拉斯诺达尔的库班河则完全解冻了。

要多大巨人才能扫一眼就知悉全国各地的情况呀。图上有一条穿过维尔纽斯到阿斯特拉罕的锯齿状曲线，这条线往南，河流里就完全没有冰，全化成了水。

通过写在圆圈旁的数据，什么地方的水在持续上涨，什么地方的水在下降，你就会一目了然。图上画的是昨天早上 8 时河流上的情况，那明天呢？1 个月之后呢？几个月之后呢？中央天气预报研究所出版的日报里都对此有详细说明。

我这里有两本长期水文气象预报，一本是 4 月份的预报，一本是对春季的预报。预报手册前面是天气预报，后面是水文预报，关于河流解冻和春汛的状况。

在柏鲁特、纳列夫、西布格、柏列格尔，诸河流将于 2 月下旬开始解冻，4 月初将解冻到伊尔门湖和奥加河上游一带的河流……

在苏联的欧洲西部和南部的河流将发生春汛……

水文学家是神仙吗？要不怎么知道河流将在什么时候解冻，什么时候会发生春汛呢？以前洛莫诺索夫用"预知"替代"预报"。要想预报，必须先预知，而不能仅仅是猜测。只有洞悉大自然深层法则的人，才可能提前知道。

在看图的时候，水文学家们清楚，摆在他面前的并不是那些河流的简单集合，而是一部庞大的机器。里面的零部件都是息息相关的，比如冬季降的雪与春汛，海洋来的气流与河流解冻。

但是为什么与我们家附近那条河相比，往年春天提前很多天开冻了呢？要想知道答案，让我们再来看一下地球这架机器。看看此齿轮是怎么带动着

彼齿轮一起运转的。

因为今年的空气比去年春天要暖和，所以河流便比较早地开冻了。为什么今年的空气比去年暖和呢？因为风是从西方来的，是海洋慷慨地送给了它温暖。海洋的风又是从哪里来的呢？原来是从北极吹来的。

正月里，冷酷无情的北极气团开始大举进犯大西洋北部。它遇到了暖洋流，于是将它的热量抢劫过来。经过那里的商船船长感觉很冷，他通过无线电报告说："海水水温比往常这个时候要低0.8度左右。"

如果一桶水里的水温降低不到1度，那么水流失的热量非常少。但如果这个水桶大如海洋，那么它失去的热量就非常惊人了。当然热量自己是不会消失的，只是极地气团们把它们掠走了而已。

冰冷的北极气团到手这批货物后，它就改头换面，不再是冰冷的北极气团，改名为海洋性极地气团了，它将抢来的货物从海洋带上了大陆。在初春，它漫步走过俄罗斯平原，把热量慷慨地送给了冰和雪，河流于是只好被迫提前开冻了。

水文学家伯列格曼找来丹麦气象研究所出版的《海洋气象年刊》仔细研究，这本年刊刊载了1895年开始的大西洋的图，在大西洋上画上方格，每个格子里标注了海水的水温。

伯列格曼比较了这些数字和大气循环，以及俄罗斯平原上的河流开冻时间，它们之间看起来没有任何关联，因为水温是航行在冬季大西洋的水手测量的，而河流的开冻时间是卡马河、伏尔加河和奥加河岸边的观测员记录的。但是水文学家明白，宇宙内的所有事物都是紧紧联系在一起的。

冬天，北极的冷空气便开始旅行了，它们掠过大西洋北部，从海水里掠取热量，海水变冷多少，空气就会变热多少。它们继续前行，从海洋走到陆地，帮助俄罗斯平原的河流提前开冻。

如果它们的旅途改变了呢？寒冷的空气不愿意绕道去海洋，它们抄近道直逼俄罗斯平原，海洋里的水没有损失任何热量，这时俄罗斯平原的春天，

▲ 伏尔加河

恐怕就要迟到，河流开冻也就要迟到了。

为了简化起见，伯列格曼制作了几种图表，比如西北大河流的图表，西德维那河流域和德聂伯河上游的图表，北德维那河的图表，还有几种其他的图表。这些图表能在1月份的时候就告诉水文学家们，河流将在什么日期开冻，开冻时间比往年早还是晚。

世界上事物之间的普遍联系让水文学家们看到预测未来的希望。紧接着河流开冻的，就是春汛了。我们又怎么知道水的流量是多少？水位会抬升多少呢？

解决这个问题还是要依靠事物之间的普遍联系。春汛与冬天落到地上的雪是一个链条上环环相扣的两个圆圈，要知道春汛将会怎样，必须先计算河流整个流域内蕴藏了多少积雪。

各个观测站的报告提前摆放在水文学家面前，要通过积雪的密度和深度，计算所有成千上万平方千米的白色"雪被"里，到底储藏了多少立方米的水。

计算结果出来了，如果积雪很少，就不可能凭空变出很多水来。但是积雪多时，河流里一定就会流过很多水吗？河流是一个水的网络，流域内的水都是从那里汇集起来，流向大海的。但流域的土壤却是一个大漏斗，一些水从它干裂的嘴唇里直接渗进土壤，不会直接汇入河流。

水文学家需要计算一下，会漏掉多少水，又会有多少水直接进入河道。有时天气寒冷，土壤还穿着一层冰甲，水就没法进入土壤捉迷藏了，大部分水奔向了河流。有时地面并没穿冰甲，但在秋天的时候，土壤已经吃饱了，喝饱了水，水还是流不进去的。所以在预测的时候，还要回想一下秋天的时候下雨多不多，现在的土壤渴不渴。为了计算河里将流过多少水，以上方方面面的因素都要通盘考虑进去。

还有一个问题，水位到底会上涨多少？也必须由水文学家来回答。如果比往年涨得高，势必会带来灾祸。作家与画家们经常用艺术家的手法来描述春汛，那样的春汛非常浪漫。但如果水文学家用科学的数据来讲述春汛，它就像每月寄给你的账单一样让人心惊肉跳。

看到损失表上的一大串数字，我们似乎看到了被洪水淹没或冲毁的铁路、桥梁、房屋、工厂。被泥石流埋葬的菜园、田野和牧场，还有漂浮在水面上的各种其他漂浮物。

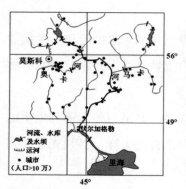

▲ 地图上的流域就像刚从大树上摘下来的叶子的脉络

要想避免这些毁坏和损失，必须坚决地与洪水宣战，阻止它叛变，为了这个，必须提前知道会不会发生洪灾，河水水位到底会涨到多高。这个问题归根到底要看有多少积雪融化的水会流进河流来决定。

还有一件事情也与此有关，那就是积雪融化的速度。如果积雪融化得快，春汛的水位自然就比较高。积雪融化得慢，春汛的水位就相对较低。

为什么雪会在春天会融化呢？我们都知

道，晴天的雪融化得比阴天要快，因为阳光能直接穿透雪层，这时即使气温还低于冰点，也能让雪直接融化。所以如果春天天气晴朗，万里无云，雪就融化得比较快，春汛的水位也就比较高了。

但有时即使阴天，雪也在融化，原来从海洋和南方温暖的陆地带来的气流温暖着它们，所以春天的气温越暖和，雪就融化得越快。如果雪在 3–5 天内全部融化完，那么春汛水位就比较高，如果雪在 1 个月才融化完，春汛水位就低多了。

这些东西听起来似乎很容易，但实际上却非常复杂，大后方的雪和河流前线的水向前涌动的情况有千丝万缕的联系，第一个发现这种联系并整理成数学公式的是教授维里卡诺夫。

在水文学家的眼里，地图上的流域就像是一片刚从大树上摘下来的叶子。叶子的中间是干流，支流就像是叶脉，从干枝向叶子的边缘延伸着。如果前线从上游往下游转移，支流的汇入就会越来越多，随着上下游支流的相继汇入，河里的水位就会缓慢上涨。

如果前线是从旁边"移民"过来的，那么上下游的支流就会同时汇入了，水从许许多多大道汇入河流，春汛的波涛就会一浪高过一浪，水位就会越来越高。

就这样，水文学家想一眼洞穿雪层和土层深处所隐藏的一切秘密，他像关心自己孩子一样关心着每一片雪花的命运，也关心着河流和它所有支流的命运。

光靠想象是不行的，水文学家必须拿出数据来。我们要求他确切地说出来，水位具体能达到哪个高度。有时，水位抬高哪怕一厘米，就可能淹没一个城市，就像一个盛满了水的木桶，再加一滴水便会溢出来一样。

有一天，我曾经亲耳听见过下面这样一段对话，对话在预报者和水文气象部门首长之间展开。

"现在乌拉尔斯克情况如何？"

"水位在 800 米左右。"

"那会有危险吗？"

"预计 28 号到 29 号水位将达到 920 米，码头、桥梁和城市的低洼地带将有危险。"

"警报已经发出了吗？"

"当然。"

这段对话发生时，正是 4 月 20 日。4 月 29 日，城市真的就被洪水淹没了。我还想说明一下，这个预报不是 4 月 20 日发出的，而是在 3 月初就已经发出。那时大家已经得知，今年冬天，乌拉尔河流域积雪大大超过往年，气象学天气预报者分析说，春天会很暖和，雪会融化得非常快。所以长期天气预报者据此得出：今年乌拉尔河春汛的水位将超过往年，轻松跃过警戒水位。

但是水文学家们是怎么知道乌拉尔河出现最高水位的日子是在 28 号或 29 号呢？原来，测量雪的观测者每 5 天会跟他们报告一次雪的生活状态——融化情况，水文学家了解到，流域内的雪已经启程出发了，只要计算一下雪水的旅途需要几天就可以了。

根据以往的经验，雪全部融化完后，还会持续 20 天左右的春汛，可见雪水全部流入河床，又沿着河床流入乌拉尔斯克需要 20 天左右的行程。旅途中它们有一些渗入土壤，或蒸发进空气消失了，但同时一些地下水和雨水却会补充进来，这些全部都要考虑在内。

根据所有这些数据，水文学家绘制了一条曲线，从这条春汛曲线图上可以清楚地看出，春汛水位达到最高峰的日期，是 4 月份的某一天，或者某一段时间。

雨季洪水泛滥，水文学家们也用此方法来计算和预测。他们有河流流域图，图上绘制着时间线，第一道线里的水，一昼夜时间就能到达的城市；第二道线里的水，两昼夜时间能到达的城市；第三道线里的水，三昼夜时间能到达的城市。

比如一场雨降落在这个流域内，我们知道一共下了多少毫米的水。水文学家把这些水分成不同的部分：第一天会有多少水流到城市，第二天会有多少水流到城市，第三天会有多少水流到城市。

他同样绘制一条曲线，从这条洪水曲线上也能看出来，哪一天河流里的水将会涨到最高峰。

还有许许多多别的预报方法，我们这里不一一细说了。如果你也想成为水文和气象预报者，可以看专业的教材，那里面讲得非常详细。我只是想让你知道，预防泛滥的河水是非常艰难，非常复杂的一件事情。

水文学家说，河水水位的短期预报，比天气预报简单多了。因为在做预测的时候，上游一共下了多少雨，下了多少雪，水文学家已经了如指掌。天气预报者却没有这样的已知数，他没办法计算云里蕴藏着多少水。所以做天气预报时，他知道将要下雨，但会下多少雨量，他们却一无所知。

难怪水位预报比天气预报准确多了。短期水位预报的可靠性能达到95%~98%，而短期天气预报的准确率只有80%~90%。所以水文学家在通往未来的路上走得更远。长期天气预报一般最多也只有一个季度，但里海水位预报可以做一年，从今年3月一直能预报到明年3月。

昨天和明天

里海会干涸见底吗？水文学家们经常被人们拉住问这样的问题。他们非常担心里海越来越浅会带来很大的麻烦，我们国家需要里海。苏联人民超过50%的鱼类是由里海供给的，卡拉、波加兹、戈尔湾的原材料，巴库的石油，都是经由里海运输的。

假如里海变浅了，港口就必须搬家，或者要花很多人力物力来掘深海底。1930~1945年，里海的水位是下降最快的，一共下降了192厘米之多。

所以那时，水文学家们想办法了解这件事情的原委，并且希望知道将来

 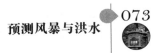

会怎么发展。也正是在这几年，伏尔加河的改筑工程开始了，上游建造了河堤和水库，用以灌溉伏尔加河整个流域的草原。所以必须搞清楚这一切是否对里海有影响，是否需要从临近的顿河、帕绍拉河或其他河流里向里海补水。

这个问题是关于未来的，为了解决未来的问题，科学家们往往要研究过去。他们仔细翻看着往年水位记录表。终于查到在显示 1837 年那一页上，记录着在巴库湾设立了第一个观潮标。之前就没有观察的记录了，1830 年前找不到任何记录。

一个世纪的记录科学家们觉得有点少了，因为相对于里海的年龄来说，100 年太短。从它脱离其他海成为内海的那一刻开始计算，它已经 1 万岁了。1830 年前的水位情况到底是什么情况呢？

科学家们开始研究古年鉴和古代银行家和商人们写的笔记。在里海航行时，水手们在航行日志中记录轮船的行程，海的深度。他们当然只是为了自身的航行安全考虑，但没想到一个世纪之后，他们的这些笔记无意中被派上了大用场。

▲ 驼队

除了这些古年鉴，那些旧石头也能给科学家帮忙，开展研究工作。1925 年的巴库湾，水面上出现了商队客栈的断壁残垣，这座客栈以前是在海岸上的，从这里向东去亚洲中部、俄国西北各个城市和印度的商队都在这里歇息。驼队就在客栈的附近，这里是货物集散地，花花绿绿的东方棉花纺织品，俄罗斯皮货，都通过骆驼背运送到轮船上。

客栈有牢固的墙壁和高耸的塔顶，这足以抵御强盗们的攻击，但人们万万没想到，这么坚固的建筑，却没能抵御大海温柔的侵蚀。海水淹没了海岸，淹没了墙壁，也淹没了塔顶。现在，这些塔顶和墙壁又重现水面，它们是从不做伪证的证人，向人们讲述着里海海面忽上忽下的真实往事。

科学院院士别尔格通过考古研究，画出了从 1556 年开始一直到现在，里海水位的变化曲线图。从图上看，里海并不像人们认为的那样，一直在下降，而是围绕一条平均水位线上下舞动。

但科学家们还是不知足，他们想弄清楚到底是哪一只看不见的手在左右里海的水位，如果研究清楚了，就可以掌握里海的命运，预报里海的水位。

这就好像一个中学数学题的水管问题，有两根管子通向蓄水池中，其中一根管子流入多少水，另外一个管子则流出多少水。当然里海的水不是真的水管流进来的，而是通过河流和土地的缝隙流进来的。也不是从现实中的管子流出去的，而是通过蒸发，变成水蒸汽，随着空气从海面上溜走的。

于是科学家们给里海编制了一本收入支出明细账。收入主要有伏尔加河水，每年伏尔加河流入里海的水有 264 立方千米，需要一个珠穆朗玛峰那么大的水桶才能装下这些水。

那伏尔加河里的水又是从哪里来的呢？春季的融雪占了 80%，其余 20% 则来自雨水和地下水。

我们可以得出一个什么结论：里海里面的水量主要受伏尔加河的影响，而伏尔加河本身，主要由去年冬天下的雪量的多少来决定。

所以 3 月时，如果就知道去年冬天在整个伏尔加流域积存了多少雪的话，我们就能知道春季伏尔加河有多少水。春汛的大小可以帮助我们搞清楚里海春天和夏天的水位情况，全年的水位也就随之决定了。

当然还需要做一些修正工作，比如每年蒸发的水量和夏天的下雨量等。水文学家们在填写图表或方程时，需要把这些计算在内。他们正是用这些图表和方程来预测来年的水位的。预报的误差在 4~5 厘米。

找到怎样收入与支出的方法，水文学家们成功做出了里海的收入支出明细账。那为什么里海有时会有如此巨大的亏损呢？要知道里海从1930–1945年，海面足足降低了192厘米。

是它的收入减少了，还是它的支出增多了呢？一般来说支出是不会陡增的。而是它的收入确实在减少。这段时间以来，伏尔加河流到里海的水少了，因为冬季的雪下得不多，春汛流入伏尔加河的雪水也少了，所以它的收入也少了。因此，里海的水位下降主要是天气惹的祸。

现在苏联的科学家们成功开展了1年的水位预报，他们还在继续努力做5年后里海的水位预报，甚至全苏联大自然的预报。

信息在疾驶

编制好的天气预报，必须迅速传播给需要它的人们。

水文学家和气象学家用成千上万只眼睛在观察水与空气的生活。在人体，由神经来传递信号——从眼睛传到大脑，从大脑传到手。电话、电报、邮政和无线电也是一个国家的神经系统。

洪水、寒霜、风暴和冰冻的警报，是用电报和电话传送的。莫斯科每天分4次通过无线电向各个气象观测站报告天气图，苏联一共有2000所这样的观测站。

邮局每天把印刷厂印刷的带有天气信息的日报寄给那些想了解天气的人们。早上6点半，观测者就会来到观测站的广场，几个小时时间，天气预报就发出了，没过多久，报告就已经传达到全国各地了，有的送到时油墨都还没干透。

每天水文和气象报告都是用一种质量很好的纸张做成的大型册子。第一页是凌晨1点的天气图，下面是昨天和明天的变化发展情况天气图。上面标有气旋、反气旋，低气压和高气压的分布状况，它们在天气前线的移动情况。再往下，便是天气几天内有什么变化，低气压会变得更低吗？反气旋将会更换地方吗？哪里的天气正在多云转晴，哪里的天气却在晴转多云。

▲ 邮局每天把印刷厂印刷的带有天气信息的日报寄给那些想了解天气的人

在总体的天气预报旁边，有各地区的天气预报，北部有大风雪或雪；乌克兰有云，有时有小雨；莫斯科与乌克兰相同，旁边还分别写着白天和夜晚的气温。

第二页都是前面几天的天气图，看过之后，就知道什么地方下过雨，什么地方刮过大风雪，什么地方下过雾了。

第三页有水文一览图，上面清楚地标示了哪些河流还在封冻，哪些河流已经开冻，哪儿是薄冰，哪儿是初冬。第三页上面还有河流和湖泊的天气预报。

最后一页讲的是关于海洋的。海洋有没有冰穴、冰山和冰原，鄂霍次克海还有冰，亚速海却没有冰了。下面紧接着是海洋天气现状与预报，海面的温度，波浪力量的大小等级等。

报告还有附录，里面说的是一个自然规律周期内，比如从3月29日到4月5日这段期间的天气预报是怎样的。

终于要说到长期天气预报了。长期天气预报是一份单独出版的特别报告，这个报告很大，很坚实，有图也有表。3月份出版的长期天气预报里面是春天的预报，指明了在3月，哪些地方有高气压，哪些地方有气旋，大气将给我们带来什么春天——暖和的，还是寒冷的；潮湿的，还是干燥的春天。

旁边的图画着春季旅行全国的未来行程：基辅的气温将在 3 月 20 日越过冰点，列宁格勒的气温要到 4 月 1 日才能超过零度，阿肯基尔是 4 月 10 日，那扬玛尔是 20 日以后。报告的大部分内容是 3 月以内各地的天气预报，1–6 日，7–11 日，12–17 日等。再后面是未来春汛的图表和海洋上冰的变化预报。

天气图、警报、情报，每天和每月的预报，源源不断地从中央预报研究所里流出来，它们游走在地上，在地下，在空中。人们用无线电传播天气情报很容易理解，但是天气图怎样完成它在空中的旅行的呢？

为了让天气图变得容易传播，人们把它们改造成一行行的数字。在一架打字机模样的机器上，把数据打出来，天气图变身为一条上面穿有许多小孔的纸带。纸带进入另外一架能读懂它的电脑里面，它就像是一个自动电报员，看过纸带后，便用电报机的按键敲出它的内容来。

断断续续的"点、横、点"符号从地下电缆传输到郊外的无线电台，在那里，天气图就插上了无线电波的翅膀，在空中翱翔了。

地方天气局捕捉它的强力收音机像人一般高，有 25 个灯泡。戴着耳机的电报员在一张纸上迅速记下来自莫斯科的无线电波发来的信息。连上环子，就在几小时前，观测者们曾在这里用无线电向中央报告观测站采集到的数据，现在，中央有了回复，发来了依据全国成千上万个观测站数据编制的天气图。地方天气预报者反思着他的预想，把接收到的天气图跟自己预想的天气图进行对比。

明天的天气信息将继续往前疾驶：它们驶向报社，驶向港口，驶向机场，驶向农业局，驶向铁路局，驶向通信部门的首长办公室和其他许许多多的地方，驶向火车、轮船、农场、发电厂、工厂和电报局等单位，信息在前进，让我们紧紧地跟随着它前行的脚步。

第 04 章

·和平时期与战争时期·

　　如果修一道大堤拦住伏尔加河，河水的上游将形成一个几千平方千米的淡水海，如果在里面造船，船的形状要由波浪的大小决定，而波浪的大小是由风来决定的。海上会刮什么风呢？我们要造什么样的船呢？明天的海上会不会由明天的风吹起明天的浪把明天的船舶打翻呢？这些难题同样需要请教气象学家。

与河流作战

有一次我跟一位水文学家聊天："你们水文工作和气象工作机构里有几千所观测站和观测哨，几十所观察所和相关的科研所，有3万多人在这些场所工作着，每年花掉经费数以千百万计，这种支出真的物有所值吗？您能告诉我，你们到底能给我们国家带来多大好处吗？"

水文学家说，他手里没有详细的统计数字，他给我讲了一个故事，由我来判断做这件事情到底是不是物有所值。

1945年的冬天，中亚一座山里堆积了比往年还要多得多的雪，测雪人把雪的深度和储藏量等数据报告给了塔什干的水文学家，与此同时，长期天气预报者也预测天气会很炎热。根据这些信息，水文学家们做了计算。在如此多的雪量下，如果气温上升，雪就会很快融化，中亚各共和国将会迎来一场特大的春汛洪水。这场洪水的水位、时间、地区，水文学家们都清楚地计算出来了，并将其报告给了政府。

政府紧急动员起来，组织了一个专门委员会，拟定了与洪水的斗争计划，根据这个计划，许多人开始去修筑防洪堤以抵御洪水，对洪水进行必要的约束。这样即使河水决堤了，对生产生活的破坏也比没得到任何警告要小得多了。这个故事最后的结局是：这次春汛警报所挽回的损失，价值超过水文和气象工作机构所有观

▲ 大雪封路了，人们用推土机铲雪开路

测站和气象台整整两年的支出。

　　天气对我们的袭击，是不会下最后通牒的。所以水文气象机构就是我们的情报局，在大战开始前很长时间，就已经洞悉我们的敌人准备、何时开始集中发起进攻。1946 年 3 月初，苏联的河流都还没有解冻，一切看起来都那么平静。然而水文学家们知道，平静只是表面的，最让人放心不下的是乌拉尔河，人们心里都清楚它会突袭契卡洛夫城、乌拉尔斯克城和奥尔斯克城。它们将入侵地下室，抢劫岸边仓库，破坏铁路，冲毁桥梁。

　　时间一天天过去，很明显，造反的不仅仅有乌拉尔河，还有西伯利亚的托波尔河，土尔克明尼亚的河流，它们就像商量好了似的，威胁着工厂和沿河的街道。水文学家们早就破解了它们共同进攻协定的密码，它们都属于江河湖海同盟，是同一个环串联在一起的共同体。所以在乌拉尔、西伯利亚和土尔克明尼亚，数以万计的人们开始准备与大自然战斗，他们修筑防洪堤，开展工作保护铁路和桥梁。

　　新的情报消息源源不断地从东部和西部传来。飞机在东部勒那河上也侦察到了积冰，雅库次克城面临水灾威胁。西部的尼门河已然叛变了，卡乌那斯城的桥立马横刀，不允许冰块过去，形成了冰坝，双方对峙的结果是水位越来越高了。水文学家们翻阅着"危险记录目录"，分析那些面临遭受水灾可能的电厂、桥梁、工厂和城市。中央天气预报研究所里电报和无线电忙个不停，警报频频向外发出。

　　河流开始蠢蠢欲动了，但没人觉得这很意外。人们炸开了尼门河的冰坝，卡乌那斯城林和街道的居民早就迁移到地势更高的地方去了，所以街道上虽然水比人高，却无一伤亡。在大家的保护和抢救下，乌拉尔斯克被水冲淹的铁路桥保住了。土门最重要的大工厂等城市的大部分，也都保住了。

　　在 7 次里有 6 次水文气象工作者能及时预测灾害，替国家减少千百万卢布和许多人的生命，但是也有例外。一场大暴雨袭击了叶列万附近的大山，决了堤的格达尔河像一匹烈马，它冲刷泥土，将树木连根拔起，带着小石子和大石头一起飞奔。

带着泥石的激流闯入城市，它们损毁房屋，冲走桥梁，带走火车、电车轨道。电报和电话也变哑了。这股洪流一共造成 600 间房子完全损毁，400 间房屋损坏超过 50%，28 人死亡，8 人受伤，直接经济损失超过 5200 万卢布。为什么没人给预报呢？原来关于山洪爆发的预报，现在的人们还无能为力。

计划还是 自 然

有一种统计学，是专门统计自然灾害的。这种工作实在令人忧伤，轮船遇难时，发生火灾和洪灾时，统计有多少人死亡和受伤。可惜没人统计避祸事件，否则我们就会了解到，因为水文和气象工作机构的出色工作，在恶劣天气或洪灾中挽救了多少人的生命；或者一次成功的寒霜、大风暴和旱灾的预报，给我们国家保住了多少宝贵的财富。

谚语说："一寸光阴一寸金。"我们同样可以套用这个说"一寸天气一寸金"。如果久旱逢甘露，就会收获成百上千万的财富，如果同样大小的雨，带来的是一场洪灾，那么就会损失成百上千万的财富。所以我们其实应该这样说："天气有时是金，有时是祸。"设立天气预报部门的目的，就是要增加金子，减少灾祸。

水文和气象工作机构就像坚守岗位，不知疲倦的哨兵，它们保卫我们的生命，保卫我们住所，还保卫我们的铁路、桥梁和一切生活生产设施。比如有一架飞机飞行在塔吉克斯坦的大山峡谷 4~5 千米的上空，这个峡谷是斯大林那巴德飞往依什卡西姆和霍罗格的必经之路，如果这个峡谷的出入口真是"一夫当关，万夫莫开"。如果峡谷的出入口被云拦住了去路，飞机便极有可能一头栽倒在山上，机毁人亡。但是飞行员自信地驾驶这架飞机前行，因为他坚信前面不会有什么危险，否则值班的天气预报者是不会允许飞机起航的。

水文和气象工作机构不但是我们国家永不下班的哨兵，而且还是交通部门的指挥员。飞机、船舶、电厂、铁路局和电报局等，都要在它的帮助下才能正常运转。

伏尔加河上的水手们都在请教水文和气象工作机构，是否可以起帆远航。森林里护送

▲ 通过直升机人们可以详细地观察大峡谷

木材的人也来请教，奥内加湖还像往常一样风平浪静吗？果树的主人希望了解，黑海沿岸酷热的天气，是否对正在起运北方的梨和桃子有什么危害。没有水文和气象工作机构的指点，黑海的渔民是不敢出海捕鱼的，水文和气象工作机构在科拉半岛沿岸设置了信号杆，给海上的人们以暴风雨的预警。

水上公安也会跟天气事务所联系，询问假日的天气是否晴好，如果假日是大晴天，肯定会有很多游泳的人，那就得多派些人手，随时搭救那些技术不过关的游泳爱好者。足球运动员们则关心，莫斯科队与梯比里斯队比赛时，天气会不会跳出来捣乱。寒冬腊月，幼儿园和大中小学都在打听寒冬还要持续多长时间，以确定开学日期。整个苏联都在按照计划进行着。但是天气是不管什么计划的，它过惯了自由自在，无拘无束的生活。

可以做多年的超长期天气预报吗？水文和气象学家们在里海已经做了一年、甚至5年的水位预报了，那有可能给我们的后辈做个100年后的天气预报吗？

我觉得没必要。我们盖房子的时候，需要知道10年，或者100年后会刮哪个方向的风吗？显然毫无必要，我们只需要知道，最大的风力是多少，我们的建筑物能否扛得住。要了解这个，当然还是要请教那些对水文和气象了如指掌的人，所以建筑学家们在修筑工程之前，也要跟水文学家们和气象学家们讨教讨教。

科技 与 建设

不久之前，我见到一篇论文，是美国的水文学家乔治·斯蒂文写的，它发表在美国地球物理学会水文学部的会刊中，文章是描述战前美国是如何建造一所大厦的。

工程师、建造师是从古老的"先建造，再研究"公司请来的。地点找好了，农民们从土地上被赶走了，仓库、房舍、风车磨房和木栅栏全部拆除了，把这块土地收拾得干干净净。然后先建起一道木栅栏和守卫室，接着来了许多包工头，政府官吏们和工程师、建造师们便开始为本部造起房子来。

大家认为，可以从附近穿流而过的"欺骗河"取得大量的用水，但是随着楼房高度的增长，河水竟逐渐干涸。有一个人想起做个研究……这个过迟的研究暴露了悲惨的事实，就是河水差不多每年都要完全干涸，而且没有贮水池……

这场水文学的研究费了几百万美元，但是更要紧的是价值千百万美元也无法挽回的失去的光阴。

斯蒂文斯还描述了很多类似的故事。人们不和水文学家打招呼，就在海洋沿岸掘井，水是得到了很多，可惜都是咸水。人们匆匆忙忙，没有精心准备，就在河流上修筑堤坝，在河流上横跨一座桥梁。这样做的时候，人们往往忽视了世界上还有暴雨泛滥，等到河流决堤时，这些慌了神的建造师们才猛然醒悟，想起求助于水文学家们和气象学家们。

看，用"先建造，再研究"的方法，会发生多少后悔莫及的事。斯蒂文斯的嘲讽是不无道理的，如果从"先研究，再建造"的公司去聘请建造师和工程师，结果就乐观多了。事实上，如果先征求水文学家的意见，在一个非常安全的地方修厂房，比在一个随时都有可能被洪水淹没的地方修厂房，要划算多了。

医生总是抱怨病人病入膏肓才上医院，水文学家和气象学家们有时也会发出这样的感叹：河水已快要决堤了，才想起找我们做规划，有点本末倒置了。

修筑铁路时，人们请教气象学家，哪里的风雪、冰冻和雾最严重，如何绕行危险地带。人们请教水文学家，要安装怎样的管子，或搭设怎样的桥梁，才能使小河小溪安全地从铁路下面穿过。

架设电报和电话线时，工程师们便去请教气象学家，什么电线杆和电线，才能承受雾凇的折磨不至于压断，也只有气象学家才知道，这条线路会不会经常有雾凇光顾。

在顿巴斯的电线上，冻结的雾凇有时非常厚，它像一件冰衣一样，能压碎绝缘子，压断电线，甚至压倒电线杆。这种情况下，安装电线杆的时候需要用到特殊的方法，电线也要求格外结实。你看，即使是电线杆这么平凡的东西，它对生活品质也有自己的要求。但是在加累利亚，对雾凇就可以毫不畏惧了，如果还用粗壮的电线就会多此一举。

▲ 电线上的雾凇常把电线压断

如果修一道大堤拦住伏尔加河，河水的上游将形成一个几千平方千米的

 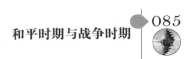

▲ 雾凇虽美，但树木不堪重负

淡水海，如果在里面造船，船的形状要由波浪的大小决定，而波浪的大小是由风来决定的。海上会刮什么风呢？我们要造什么样的船呢？明天的海上会不会由明天的风吹起明天的浪把明天的船舶打翻呢？这些难题同样需要请教气象学家。

　　苏联的飞行员计划开辟一条从莫斯科出发，经过冰岛，格陵兰岛，飞往美国的航线，于是他们请教气象学家，在这条航线上会遇到哪些天气状况。气象学家说："这要看你们自己的选择了，如果选择坏天气，将会是顺风，如果选择好天气，将会是逆风。"于是飞行员必须自己拿注意，是多花点时间，多烧点汽油，和逆风搏斗呢，还是节省一点时间和汽油，跟云雾和风暴斗争。

　　医生们也要跟气象学家们请教，你一定觉得很奇怪。他们往往把在什么地方建设疗养院，疗养院应该怎样布置，才能更好地避开寒风等问题抛给气象学家们。

　　还有一些意想不到的问题也到达了气象学家面前，比如有人问："要怎样开伐森林，怎样砍伐树木呢？是由东向西，还是由南向北进行？"

　　这个问题看起来与气象学家没有丝毫的关系，但事实上完全不能离开气象学家，因为只有他才知道，风起源于哪里，它要向哪里刮，砍伐树木留下的空地，要能让风给它带来种子才行，否则如果还按照"先砍伐，再研究"的方式去做，那么被砍伐森林后留下的空地，将会永远剃着"光头"了。

无所不晓的先知

苏联的工程师们，已经学会了在搞建设前，先请教水文学家和气象学家们。在德聂伯水力发电站修筑前，水文气象临时机构的领导是教授奥加夫斯基。水文学家列别得夫，在位于白海—波罗的海运河一所特别的实验室里，研究地下土壤的动态情况。

工程师们都知道，假如一开始没有研究好，不知道冬天的土壤冻得有多深，屋顶的雪落得有多厚的话，哪怕要盖一座简单的房子也会坍塌。要是修筑水道、大厦和水力发电站之前，先咨询一下水文学家的话，就会减少很多问题。

但是水文学家们自己却越来越忙碌了。人们打电话给水文学家：因为火车站需要用水，所以打算在一条河上修建一个水库，问题是那条小河能提供给我们多少水量呢？

这个问题如此紧迫，因为一部分人明天就要开工了。该怎么答复他们呢？小河远在远东，水文学家从未听说过这条小河，要知道苏联有10多万条河，所有河流长度加起来超过150万千米，谁也不可能记得那么多河流。

苏联的所有河流岸边一共有观测站3~4千座，要是每一条小河都详细研究的话，那么少说也得几十万座观测站。

国立水文研究所会派出科考队，每天都去巡视国内的那些河流和小溪。但如果仅仅依靠步行或乘船，要把这150万千米从头到尾走一遍谈何容易，要知道地球到月亮的距离，也只是这个距离的1/4而已。

苏联的水文观测站和观测所已经运作了50多年了，在他们工作期间，大量的观察记录被收集起来。这些数据非常多，耗费了水文研究工作人员整整8年的光阴，才将它们整理成册，这些册子垒起来可以构成一座书构成的大厦，这座书的大厦放在屋里可以从地面直达屋顶。这套书的名字叫《河流名录》，它的篇幅有几十万页，描述了苏联所有国内大中河流的生活状况。

科学家们经常翻阅这套书来研究河流，工程师们也翻阅这套书来修筑堤坝，甚至国家计划委员会的工作人员也翻阅这套书来编制未来 5 年计划。

但是即使这么大一本书里，也没有将所有的河流完全收录，苏联这个国家实在太庞大了。接到咨询电话，话筒还在手里拿着的水文学家，面对远东某个地方的小河问题该如何是好呢？要知道《河流名录》里并没有它，还有很多比它重要得多的研究项目都还没有排上研究日程。

难道必须先把每条河流研究一下，描述清楚，再把它编在书里面才能派上用场吗？那如果研究生长在森林里的树木，我们是不是也要对每一棵松树都单独研究呢？显然这毫无必要，因为所有的松树都是相似的。

河流也是一样的，同一流域的河流，彼此的生活状态都非常相像。位于潮湿气候的流域，河流所携带的水较多，甚至可达到草原和沙漠河流的数百倍。流淌在草原里的河流与森林里的河流也有所不同。

河流是气候诞生的女儿，所以同一个气候母亲生下的女儿都非常相像。水文学家通过研究水文观测站和观测所采集的数据，他们分析出位于苏联北方的河流，每平方千米每秒收集的水量是 10 立方分米。而南方的河流，能达到两立方分米就已经非常不错了。在中亚，每秒收集半立方分米水都要费九牛二虎之力，但是在黑海沿岸，在高加索地区，大自然对它们无比慷慨，每平方千米每秒可以收集到 70 立方分米的水。

萨科夫教授为苏联编制了等流量图，就是用线条将地图上水流量相同的地方用线连起来。让我们还是回到水文学家的办公室，差点忘了他还站在电话机

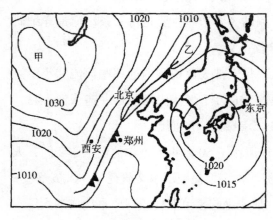

▲ 河流水流量图

旁，等着回答人们的问题呢，人们正在问他，远东的某一条小河每年能取多少水使用。

虽然这条小河水文学家从没听说过，但他一点也不紧张，他把等流量图找出来，发现小河附近有一条 10 立方分米的等流量线穿过。水文学家一边拿着话筒，一边心算着这条小河的流域面积，有 2000 平方千米的面积给小河供水，它们每秒钟送给小河 20 立方米的水，所以全年小河一共携带着 6 亿 3 千万立方米的水。

当然每年水量不可能完全相同，在少水的旱年，水量只有平时的 1/10，如果想让供水量永久恒定，那就必须按最干旱的那一年来设计。

水文学家们又拿起另外一张地图来做参考，第一张图是通用图，第二张图则是特殊图，所有那些有相同特殊现象的地方用线连起来。水文学家看到一条线穿过这条河流，线上标注着数字"5"，说明在干旱的年份里，河流里的水量只有平常年份的 1/5。平时有 6.3 亿立方米的水，那么干旱的时候，就只有 1.26 亿立方米的水了。

水文学家于是开始回答电话那头等了很长时间的人们："如果按 40 年一遇的旱年来设计，每年可以提供给你们 1 亿 2 千万立方米左右的水量。"

就是这样简单，只要看着这些地图，水文学家就可以凭空想象并描绘出他素未谋面的那条河流的容颜来，他能很快说出河水的流量，它的一年四季各有什么不同的表现，他能计算出一场暴雨过后，水位在每 1 个小时，或每 1 分钟里上涨或降落多少。科学给了他无所不知，无所不晓的本领。

想象一下，如果死记硬背《河流名录》中几千几百万的数字，和几十万页的内容，人们该焦头烂额了。人的脑袋不是用来死记硬背的，而是用来开动脑筋思索问题的，它从成千上万个数据中找出其中的共同规则，并用公式，或用在地图上划线的方式将这些奥妙提炼出来。

不但科学家们用这种方法节省了体力和时间，而且上百万个制造混凝土的，冶炼钢铁的，建造堤防的，建造水力发电站的，以及修筑桥梁的工人也

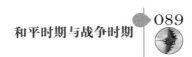

节省了体力和时间。

之前没有这些公式和图表时，为保险起见，人们总是要留有很多余地。比如修筑桥梁时，他们把桥架在离水面非常高的地方，以防万一；建造堤防时，他们把堤防修筑得无比结实，以防万一；在平原上修建铁路时，他们把路基排水管口做得比安全标准还大 2~3 倍，以防万一。

工程师这样想："只有上帝才知道这里的暴雨有多大，洪水有多大，还是把排水管口做大一点儿，这样会更保险一些。"按每隔 1 千米修一个这样的排水管计算，几千千米长的铁路，将多花费几千万甚至几亿卢布。过大的尺寸，或者过大的安全系数，只能证明工程师的知识储备还不够。以前建造师建塔的时候，因为不懂这些，于是给第一层墙筑了两米多厚。

在国立水文学研究所里，有人给我讲了有关研究工作的故事。那里的研究工作是梭科罗夫斯基教授领导的。他和同事们一起，共同研究河流聚水量的规律。根据他们的研究，数以万计的河流设备被他们缩小了，他们的工

▲ 第聂伯水力发电站

作替国家节省了大量的人力、物力和财力。

现在我们正在用河流聚水量的规律开始驯服小河。流过村庄的那种小河，当然没必要建一所国有的第聂伯水力发电站。但是我们还是可以建一座水轮机的小型发电站，以供集体农场使用，用河流的动力抽水、锯木，并照亮我们生活。

在这里当然也不能按"先建造，后研究"的流程来做。小河有小河的特征，它们跟大河有不一样的性格和行为。春天，小河泛滥起来，似乎它

们有赶超伏尔加河宽度的雄心壮志。然而一到夏天，就连鸡这样的旱鸭子都可以悠哉地从河床溜达到对岸去了。

哪些小河可以建水力发电站呢？我们不可能在 2 万多条小河上都建立水文气象观测站，水文学家还是要用到河流聚水量规律。他只要研究其中的几条小河，就可以计算出其他跟它们差不多的小河。

大家对气候学家们的要求也很高，无论什么地方有怎样的气候，要求他能对答如流。通过考察和记录全世界所有气候，俄国科学家柯彭将世界上所有气候分成了 11 种基本类型。苏联的河流多，气候的种类也多，除了热带气候，其余 10 种基本类型的气候都有。每种基本气候里还是有各种各样的差别，地球上没有气候完全相同的两个地方。哪怕是同一座高山上，不同的山坡气候也有所不同，当南坡温暖如春时，北坡还是寒冷如冬。

北方冻土带的气候，南方草原的气候，西伯利亚大森林的气候，俄罗斯沼泽地的气候都有差别，怎样才能记住气候的千差万别呢？同样，为了帮助记忆，气候学家编写了一本参考手册，现在这套书已经再版好几次了。

作为《河流名录》的姊妹篇，手册里也填满了数字。但尽管如此，新出版的气候学参考手册的销量甚至超过新版的小说。因为工程师如果要编制新计划，就必须用到这本气候学参考手册，而每年苏联要编制数千个这样的计划。

按照这些计划，战后的苏联在未来 5 年内要兴建新企业 2700 个，如工厂，电站和各种矿山等等。

跟《河流名录》一样，气候学参考手册里只标识这些年来有观测站观测过的地方，没有设立观测站的地方怎么办呢？同样可以用气候图寻求帮助。气候图上有不同的线条和不同的颜色标识，指出不同的地方气候变化的情况。

通过气候图，你马上就可以说出，土尔克明尼亚最高温度是多少度，雅库次克大森林的最低气温是多少度，你可以知道在莫斯科区冬天积雪的厚度，去加累利亚的雪橇之路什么时候开通。

气候图解书也是由这些图编制的。在和平时期，气候科学，水和天气科学就是如此这般为人们服务的，那么在战争时期，除了正式的军事科学，如战略、战术、弹道学等我们知道的学科，气象学和水文学又可以怎样帮助我们的将军们在战场上呼风唤雨、叱咤风云呢？

地图 与 地形图

影视作品在表现一个司令员的时候，经常是他站在作战地图前的神气样子。他或是站在地图前，或是弓腰趴在地图上，深入分析着明天战场的地形。

地形不仅仅是战斗的地方，它自己也会变化，不同的季节，不同的天气，他们的行动也不尽相同。

地形经常犹抱琵琶半遮面，遮蔽着自己的真实面貌，它们有时戴着绿色的，有时戴着黄色的，有时又戴着白色的帽子。

冬天，山谷的深底被一人高的深雪埋藏在下面，雪乘着风的翅膀从田野来到了洼地。很多山坡下都堆积起很大的雪堆，让我们根本分辨不出哪里是雪山，哪里才是真正的山丘。

春天和夏天，河流时而变宽，时而变窄，河滩时而露出，时而隐藏。小川也会变身宽阔的大江大河。

泥泞的沼泽地带在天气寒冷的时候会变成坦途，但春雨绵绵时，坦途又重回泥泞的狰狞面目。

地形图的变化真所谓牵一发而动全身。泥泞的道路可以成为阻止军队前进的雇佣军，马队在大雪里也许"望雪兴叹"，但穿上滑雪鞋的步兵，会跑得比马队还要快。就像象棋上的棋子被人偷偷做了调换，马变成了兵，兵却变成了马一样。

一场暴雨或暴风雪过后，地形都会完全变个模样，但在地图上却看不出来。所以如果司令员只管地图，不管天气，那他就处于一个十分危险的境地了，那样是要吃败仗的。我们都知道拿破仑的丰功伟绩，但1812年拿破仑却战败了，于是他气急败坏地把失败归结到天气的身上，说是俄国的天气让他打了大败仗，事实上那时的天气并不是最恶劣的。

但是确实有一次，天气帮了拿破仑很大的倒忙，但拿破仑并没有重视它。那是1815年6月18日的深夜，拿破仑对着地图琢磨了一夜，他仔细观察着小城滑铁卢的地形，第二天一早，一场生死决战就要在这里上演了。

窗外雷声阵阵，暴雨拍打着屋顶，天气大吼着似乎想阻止拿破仑，但拿破仑并没有在意，他仔细研究着战场地图，丝毫没有意识到几小时后，这块地形就会变得面目全非。

▲ 滑铁卢战役

早上，炮兵军官报告拿破仑，周围田野和道路都泥泞不堪，在这种路上，炮兵恐怕寸步难行。

但拿破仑并没有收回成命，他命令队伍继续进攻。许多士兵们在路上滑倒，艰难地在泥泞的土路上行进。大炮陷入稀泥里，常常需要拉着轮子才能抬出来，敌人还没见到影儿呢，他们自己就先精疲力竭了。

按照拿破仑的部署，战斗成败的关键，是格鲁希元帅奉命带援军赶赴战场。但穿过这种泥泞道路却绝非易事，格鲁希绞尽脑汁希望及时赶到，但还是迟到了。于是，不可一世的拿破仑在滑铁卢被彻底打败了。

如果你去请教历史学家，为什么会发生这样的事，他们肯定会说原因很复杂，但一个重要的原因不容小觑，那就是拿破仑对天气的忽视，他只盯着那个固定的地形图，却没有想到天气的变化。

怎样画出活生生的地形图，而不是死的，不动的简图呢？这种活图在现代战争中的重要意义，是更超过拿破仑时代的。

因为现代战争的棋局里又增加了新的棋子，除了传统的骑兵、步兵和炮兵之外，战场和战场上空又增加了各种飞机、坦克、拖车和自动武器等机械和武器。每个棋子行走的规则都不相同，人们需要了解它们的行动规则。

古代，人们仅仅用眼睛就可以观察出，哪里步兵能走过去，哪里马队能走过去，哪里最好不要涉足。但当机械加进来之后，谁也不能准确地说哪里是机械能通行的路，哪里不是。

▲ 德国坦克陷入沼泽地不能动弹

能走马的路人们都清楚，但坦克就不得而知了。侦察员会先去前线打探，用眼睛观察，坦克是否能够通过这片沼泽地。大家争得面红耳赤，一个侦察员说，能过去，另外一个却说过不去。争论到最后双方谁也说服不了谁，结果不了了之，因为他们都没有让对方心悦诚服的确切证据。

为了终结争论，人们当然可以开一个坦克去那里试验试验，如果坦克被沼泽吞没了，说明沼泽确实没法通行坦克。但这样的试验代价，未免太过于昂贵了。显然在这里，只靠生活经验是行不通的。世界上任何事情，当生活经验不足以解决问题的时候，我们自然而然就会想到科学实验。

所以1942年的时候，苏联国立水文学研究院派了一队学术探险队，去研究沼泽。很多坦克、炮车和载重车远征各个沼泽地。它们的敌人并不是敌国的军队，而是"无知"，事实上"无知"才是这个世界上最危险的敌人之一。

水文学家们画了很多图，做了很多思考，里面的规律越来越明显了，轻坦克要如何通行，重坦克又该如何通行。

以前人们觉得沼泽地是非常难走的,甚至是寸步难行的。现在终于搞清楚,有的沼泽地坦克可以通过,有的则不行。因为沼泽地也不完全一样,有的长着青苔,有的则长着杂草;有的沼泽地上可以看见水露在表面,有的虽然看不见水,但在上面每走一步都能听到水溅起来的声音。

同一片沼泽地也不是一成不变的,夏天没法通行的沼泽地,到冬天时,不但轻坦克能轻松走过,连重坦克也行走自如。此时冰冻的沼泽地比河上的冰面更坚实,因为上面有植物的根和茎拉扯,下面有泥炭在支撑固定。

坦克和其他机车不仅仅需要通过沼泽地,有时还需要穿越深雪、泥泞的道路、河流或湖面的冰层。所以需要研究在任何天气,任何季节里,机动车能否通行的问题。

苏联的气象学家和水文学家承担了这个艰巨而光荣的任务。军队指挥员的普通地图旁,又堆放着许多全新的,之前从未见过的地图。

普通地图能用很多年,它们的使用寿命很长。你还能想起学校里哪些劳苦功高的老地图来吗?为了不使它支离破碎,人们不得不将其卷在一根轴上。但长期的频繁使用,它们还是破碎成一块块的。因为常常折叠,半球地图上北美和南美便被一条裂缝分开了,形成了一条自然的分界线;大西洋上好像还有一个不知名的小岛,像是一个很明显但不太大的补丁,实际上它并不是什么岛屿,只不过是不知何时被某个过于"勤奋"的学生用手指戳破了地图罢了。

这些地形预报的地图,跟天气预报类似,它不是能用几年或几十年的地图,而是只能用几天。它不是死的,固定的地图,而是活的,有生命的地图。

只要扫视一眼,就知道今天或明天这个地方的地形是什么样的,哪里可以走坦克和炮车,哪里又寸步难行。

还有很多种地图,上面不但标明道路能否通行,还指出了很多别的备注,比如,春天哪些范围会有河水泛滥,哪里有便于渡河的河滩。这就是军用水文地图。谁拥有这样的地图,对地形就胸有成竹,水文学就是这样帮助战场

▲ 苏军坦克穿过雪地

上的将军们叱咤风云、战无不胜的。

　　显然，战时的苏联远比德国要准备充分。在首个冬季攻势，德军靠近了莫斯科，但是他们对冰雪还有所顾虑，因为他们读不懂大自然这本奇书，于是他们尽量走在大路上。于是德国的坦克被苏军的炮弹成千成千地赶入并陷进了雪堆。

　　德国人也不了解沼泽，他们只看到通行地图上的标注，认为坦克没法在沼泽地上行走，他们想当然地以为，即使冬天，也需要 1 米以上的冰，沼泽才能走坦克。

　　1942 年，德国人建立了一条从维利基·路基到尔日夫的防御线，他们挖好了壕沟，以便阻止坦克，他们筑好了堡垒，但那些有沼泽的地方却没有筑，他们以为有了沼泽地就能高枕无忧，帮他们阻止苏军的坦克。

苏联军队当然不会放弃抓住这个千载难逢的机会。12月，沼泽开始冻上了冰，苏联的坦克在沼泽地上长驱直入，像一把尖刀猛然插入了敌人的后方。

从德国战败的经历我们可以看出，如果不会使用地图，不仅仅在学校学习时会受到老师的批评，而且在战争的时候，也会受到敌方给予的严惩。

自然是敌人也是朋友

自然可以是我们的敌人，也可以成为我们的朋友。对不认识它，害怕它的人来说，它是敌人。但对认识它，不害怕它，合理利用它的人来说，它就是朋友和盟友。

1920 年，伏龙芝就成功地利用了风这个盟友。普列科柏地峡被伏郎及尔的军队建了一个要塞。地峡的堡垒有 20 米高，水壕有 15 米深，还有别的一些钢筋水泥筑的路障。要想穿过地峡去克里米亚，除了要穿过这些路障外，还得面对敌军机关枪和大炮的疯狂进攻。

地峡是过不去了，唯一的办法是从希瓦什海湾过海。伏龙芝想起了那里的风，有时西风或北风能把水赶出海湾，天蓝色的海底赤裸裸地暴露在我们面前。现在，海水又开始被驱逐走了，所以他决定利用这个机会，越过将会短暂变成陆地的海湾。

但这是无比危险的，如果不能在风向改变之前走到对岸的话，后果不堪设想。深夜，在浓雾的笼罩下，伏龙芝的部队离开海岸出发了，一切都在他预料和掌控之中，红军仿佛天降神仙一般，出人意料地插入了敌军的后方，看似坚固无比的普列科柏被易如反掌地拿了下来。

军队在进攻的时候与自然结为盟友的例子不胜枚举，下面我们再举个例子。

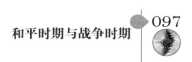

雨中的泥泞路让人非常难堪，泥泞和战马在比赛拉扯车轮的游戏，车子在平时一匹马就能轻松拉动，这里却用了 3 匹马还很费劲。

汽车更不用说了，它的轮子转得飞快，车却纹丝不动。有的泥泞路上长达 1 个月甚至 1 个半月都没法走车。

坦克在泥路上会好一些，但也不是行走，而是爬行了，每往前移动一米，都会累得气喘吁吁。所以，如果能想到利用雨季同我们并肩战斗的话，就会事半功倍了。

1944 年春季，正值雨季，苏军决定利用这个雨季发动攻势。他们是这样设想的：德军肯定会闭门休养，谁也不会想到这时候会有哪支军队前来送死。因为自古以来，大家都不会在雨季发起进攻，雨季往往是守军的盾牌，而不是攻军的长矛。所以这时候发起进攻，真是"出其不意，攻其不备"。

苏军预先备战着一切。当时河水还没有解冻，工兵就已经加班加点修筑桥梁和木筏，以备渡河之用。他们准备了坦克来运送物资，用拖车运送大炮，因为没有车轮的拖车是毫不畏惧雨季的泥泞路的。有轮子的车也没有退休，夜间泥路上封冻的时候，有车轮的机动车就可以出发了。

3 月 1 日苏军开始进攻，给德军打了个措手不及，于是敌人开始撤退。但只要他们移动，原来的同盟者——雨季泥泞路，摇身一变就成了他们的敌人，尤其是他们没有拖车那样的装备。更要命的是，德军后方的河水已经泛滥，德军进退维谷。

大自然被武装起来对付德国人。3 月 26 日，苏军攻打到了柏鲁特河附近的国界。这次战斗中，苏联参谋部信奉科学，深谙水文学和气象学的重要。所以冰冻结，冰融化，泥泞路和春水泛滥，都成了苏联的编外士兵。

以前参谋部里只能遇到炮队、工兵队和兵站的军官，现在新的人物出场了，没错，他们就是做天气预报的军官。当别的同志在注意着小旗子往前线移动的时候，他们却在关注着另外一个前线的天气。

全国各地的有线和无线电都在汇报着关于天气的情报，有的来自莫斯科，有的来自邻近的城市。机场的高空气象观测站送来了情报，跟随进攻部队一路前行的气象观测站也发来情报。

所有这些情报信息瞬间被标注到了天气图上。但是西半部分的地图却是空的，因为敌军是不会那么好心将天气情报发送给你的。打仗时，反气旋和气旋的部署情况与敌军部队的部署情况同等重要。

需要了解西部前线那边的天气如何，没有这个情报，天气预报者就没法预测天气。

于是，侦察机带着气象仪器深入敌军后方。一般来说，侦察机对炮兵队、坦克车队和奔驰在铁路上的军用列车最喜欢，但这些侦察员深入到敌军后方，却只是为了探索气旋、冰冻和雷雨中心。

他们在距离地面30~50米的低空飞行，因为天气预报地图需要知道地面下层的天气。他们与敌人近在咫尺，以至于敌人瞬间就可以把他们瞄准击中。飞机绕了一圈，似乎什么都没干，又飞回到自己阵地上去了。

但他们收获颇丰，人们在高空气象观测站里取下飞机上携带的气象仪器，通过研究沿途的所有记录，机身上的自动气象学家将途中的天气情况娓娓道来。

苏联卫国战争中出现了很多荣誉连队，但几乎没有人知道，侦察敌方天气的飞行连队也曾获此殊荣。

侦察天气的目的不仅仅是填满天气图上的空白，将不明情况区域阐明，而且在航空队飞行之前，也需要侦察飞机了解前方是什么天气，飞行会不会安全，计划攻击的目标有没有被云遮挡等。

轰炸机有时在黑夜或者糟糕天气里执行任务。暴雨拍打着机舱的舷窗，闪电刺痛了飞行员的眼睛，让他头晕目眩。但是他并不害怕，还是勇敢地闭着眼睛穿行在乌云、浓雾和苍茫的夜色中，因为他坚信气象学家们的话，前方就是风雨过后的彩虹。

打仗时，气象学家在给飞行员帮忙，同样飞行员也在帮助着气象学家，

▲ 轰炸机在云层的掩护下飞行

他们彼此帮助。射击手和驾驶员观察和记录着沿途的云量、云层高度与力量、天空能见度、雪、雨和冰冻等气象。飞机穿过云朵时，无线电里传来射击手的第一手情报："云里飞行颠簸得厉害，有冰冻现象……"到机场下飞机后，他还要将天气情况汇报给高空气象观测站的负责人。就这样，他带回来的天气情报也很快就记录到天气图上去了。

有了这张天气图，我方的飞机在跟敌军打仗时，或者对付充满恶劣的自然天气时，就简单多了。虽然风暴和气旋我们无法改变，但飞机却可以顺利地穿越它们去执行任务。

某天，远征航空编队要飞到敌军的后方去。天气图上，出现了一个大陆性极地气团和一个海洋性极地气团，在两个气团战斗的前线，出现了空气的波涛，它很快就会转成气旋，并向西北方向移动。目标上空是高气压的"脊梁"。

气象学家知道沿途的天气很糟糕，但目标上空天气却出奇地好。于是他们把这个情报报告给了指挥部和飞行员们。航空编队成功地完成了这次任务，天气预报被证实是完全正确的。

哪怕预报出天气不好的结论，天气预报者还是要尽量找到其中相对比较好的一段时间，报告给指挥部。到底什么是好天气，什么才是坏天气呢？

一般我们认为，有雾、下雨和低云都是坏天气，而天空晴朗，万里无云，月光皎洁，就是好天气。要是航行在海上，最要命的当然是风浪，所以风浪小就是好天气。

但是打仗时，有时坏天气就是好天气。在浓雾或风暴的天气里，陆战队可以靠着它们的掩护接近岸边的敌人。侦察员尤其喜欢风雪，当他们想潜入敌人后方的时候，风雪就像一张白色屏风，将他们的行踪全部掩盖起来。

探照灯在皎洁月光下丧失了功能。速降轰炸机不会喜欢没有云遮挡的天空，因为借着云的掩护，他们更容易偷偷地接近目的地。但是速降轰炸机喜欢的天气，驱逐机和重型轰炸机就不会喜欢。

所以，假如天气预报者说"云层高度低于600米"，速降轰炸机和驱逐机便开始起飞，而白昼轰炸机在这种天气里根本没法飞行。当云层降到400米以下时，驱逐机也没法执行任务了，速降轰炸机则还可以，只有当云层低于200米，云层几乎是贴着地面匍匐的时候，它才会无奈地在机场中待命休息。

大海是像镜子一样平静，还是有大波浪的时候，巡洋舰和主力舰对此毫不在意。但潜艇却最害怕风平浪静的大海，失去了海浪一团团白沫的掩护，潜望镜升降所带来的泡沫就会赤裸裸地暴露在敌军的视野中。

天气预报者很难做到面面俱到，但当他捕捉到的天气，正是指挥部向他"订购"的天气时，他没有理由不感到自豪。

有一段时期，列宁格勒非常需要雾的帮忙，因为那时封锁线才刚刚突破。当时刚开始的几列火车行驶在铁路上时，德军的炮火还完全可以打到这条铁路。为了不让德国人看见，铁路员工希望浓雾掩护着火车开出去。而且不想让风吹向德军阵地，给德军送去火车隆隆的马达声，而是让风从德军阵地吹来，这样德军既看不见，也听不见火车的行踪。

他们向气象学家询问，啥时才有雾，风会怎样刮的。可是在那里的气象学家却备感困惑，因为他们与中央天气预报研究所已经很长时间失去了联系，天气情报网在他们这里戛然而断。

观测站气象学家们在隆隆炮声的伴奏下，在几乎坍塌的房子——小土棚里上班。天气预报局的气象学家们在地窖里艰难地研究着天气图上抽象枯燥的符号，昏暗的油灯只能撕开面前几尺的黑暗。

地图上的符号非常稀少，还有一半是近乎空白的，天气正是从那一片空白之处——列宁格勒往西的地方行走来的。南部和东部的符号也明显不足，在德军的严密封锁之下，我们已经只有6座像样的气象观测站在正常运转了。

环境尽管很差，油灯把人都熏黑了，人也饿晕了，累惨了，但还要坚持设法做天气预报。他们人蹲在低矮的地窖里，心却能看见气流，看见天空流过的雾和云。

他们的预报是有云，于是轰炸机借着云的庇护，立刻起飞轰炸敌军的阵地。他们的预报是有雾，于是铁路员工马上就让运送子弹和面包的火车出发了。他们的预报是海水将上涨，前线的战士就马上转移到离海平面更高的战壕里去了。可以说战时很多战斗的胜利，军功章里也有天气预报者的一半。

1944年6月的一天，苏军准备进攻白俄罗斯战线，日期定在23日。就在22日那天，天气预报的主持军官做了第二天的预报：云低，有雨和雷雨，局部有雾。这个天气预报并不好，在雾里炮兵根本没法瞄准，所以没法做射击准备。雨、低云和雷雨，也给飞机从空中打击敌人造成不便。

深夜，雨下起来了，闪电也上班了，大自然一切都按照天气预报者的预言在行动。每半小时，天气预报者和气象学家就会用电话向参谋部报告一次最新的天气状况。

天气预报的负责军官一边看着天气图，一边密切注视前线的天气情况。昨晚产生于南部明斯克附近的气旋正在快速向北方移动。早晨5点，天气预报者就被参谋部的首长邀请去开会，向他请教早上的天气将怎样，有没有炮击的机会，即使只有短短的2~3个小时也不错。

天气预报者更加用心地重新研究起天气图来，他知道自己肩上的担子重若千斤，如果他犯哪怕一点点错，如果在错误的时间发动了错误的进攻，那还不如按兵不动。

天气预报者艰难地得出了一个结论：早上雾会散去，云层依然很低，雷雨也不会停止，所以飞机没法活动，但炮兵是可以射击的，有好几个小时的能见度完全足够炮击要求。

于是战斗在9点开始打响。大炮准时响起，人间的雷声和天上的雷声此起彼伏，大炮里飞出的火光与闪电的火光交相辉映。人和机械与自然巨大的气流冲突集结在一起，在几百千米长的战线上，进行着一场总决战。最后摸清了敌军的部署情况——苏联军队理所当然地大获全胜了。

水文学与气象学的战斗

我们都知道化学战，空战，可是你听说过水文战吗？水文战在世界上真实地存在过，用水做武器把敌人彻底打败。

1914年，比利时人把海水用作了武器，工兵把水闸的门打开，海水将德国人冲入了盆地，德国人的战壕都灌满了水，这样比利时就赢得足够的时间来修筑防御工事了。

苏联卫国战争的时候，苏联军队也数次用水来进攻或防守。1942年的11月，苏军打算进攻加里宁战线某个战区，但是河流阻挡在面前，苏军打算除掉这个"眼中钉，肉中刺"。

水文学家们就开始认真侦察，制定了一个详细的计划，由工兵们动手实施。他们3天之内就搭起了一道两米半高，100米长的堤，材料全是泥土和树木。他们在堤上浇了一些水，水冻成了冰，冰保护着河堤，于是河堤更坚固了。河堤阻挡了河水流向下游，在苏军面前开辟出一条康庄大道，于是苏军的坦克车队各步兵依次通过这条大路，开赴前线了。

这次是河流妨碍了战斗，需要去掉它，但另外一次，苏军却相反地创造出一道河流的防御工事来，这是怎么回事呢？在一条不是很大的河流上，水文学家们设计出13道堤坝，水漫金山。他们组成了一道1千米宽，20千米长的"水军"，苏军命令水军不要放一个敌人过来，因为此时队伍需要驰援另外一个战区。

战时，大自然里还有很多更奇妙的事情发生。一般来说，河流都是春天开冻，秋天封冻。但是1941年的苏联，有的河流竟然在严寒的12月就莫名其妙地开冻了。那一年德国人正大举侵犯莫斯科，为了阻止他们，苏军决定把莫斯科河、伏尔加—莫斯科运河、雅克罗姆河和赛斯特拉河上的冰全部敲碎。

他们打开水闸的门，冰盖下面的水全都流走了，悬在半空中的冰还很脆弱，它们纷纷破裂。谁也没有想到河流会在这时开冻，德国人原先计划的冰上通道消失了，出现了一道天然防御工事——一条河流。

有时不但不能将它敲碎，还要让它们冻得更厚，更坚实。将冰上的雪打扫干净，没有了雪被的保护，3天之后就冻成了经得住重型坦克的厚冰坦途。

冰雪屡次被苏军纳入战斗序列。它们坚固的堡垒阻挡了德军的坦克，伪装的冰穴和冰陷井在德军的脚下炸开了花，而冰冻的冰路，将苏军的前线和后方紧紧联系在了一起。

苏联人都知道那条拉多加冰路——苏德战争时期的"生命之路"。在好几个月的时间里，它是连接着"大地"和被包围的列宁格勒的唯一通道。实际上那是两条线，一条上行线，奔驰着给列宁格勒补给的汽车，相聚百米的另外一条线上则向"大地"供应着列宁格勒各个工厂的工业制品和工人。这是前无古人的伟大创举，每天走过的汽车多达4500多辆。

在冰上驾驶汽车，需要极大的勇气。勇敢是与知识储备相关的，公路局的工人、高射炮手、潜水专家、交通指挥员和通信员们都做了很多工作，他们把冰路准备好，不让它受雪、裂缝和德军炮火的伤害。在拉多加冰路的这

▲ 行驶拉多加冰路上的德国军队

些工作人员中，研究冰的专家——水文学家们，有着举足轻重的作用。

观察员昼夜巡视着冰路的全程状态，只要稍微有一点裂缝，或者冰上冒出了水，就会立刻向指挥部报告。如果没有水文学家的参与，就不可能开辟出这样一条冰路。哪些汽车能在冰上跑？汽车上能装多重的货物？高射炮车会不会从冰上掉下去？这些问题都离不开水文学家们的回答。如果没有水文学家的存在，那么观察和预测冰路都只是空谈。

拉多加湖像一个调皮好玩的孩子，它的封冻和开冻时间完全不按常理出牌。所以需要水文学家们发出能否通行的信号。这条"生命之路"哪怕能多用上一天，就能给前线多增援数千颗炮弹，能给挨饿的人们多运数千吨面粉。所以水文学家们会尽量预报得更精确，保障这条生命线。就是这样，大自然的科学知识就是苏军的第一战斗力。

大自然其实是非常中立的，它没有向着我们，也不会跟我们过不去，它只会听那些了解它，征服它的人的话。1939年，芬兰人也发明了一种叫"悬空冰"的陷阱。首先他们打开水闸，让水位增高，等河面结了一层比较厚实的冰时，然后就把水放掉。表面上河面看起来很正常，但当敌军的坦克和步兵走到上面去时，因为它是悬空的，不堪重负，瞬间就坍塌下去了。

要想洞察敌人的企图，不但要注意敌军的一举一动，还要留意大自然的一举一动。和平时期，水文学家们要及时预报暴雨和春汛所带来的洪灾，而在战争时期，他们就要学会保护前线的军队免遭敌军人为的洪灾。在列宁格勒附近就发生过这样的事。

有一条小河，是从敌军占领区流过来的，河流上的水位观测所的报告说，水位正在迅速下降。水文学家却心生疑虑，于是苏军派一架小型侦察机去上游侦察，原来敌军正在小河上修筑堤坝。显然，敌军是想先把水积聚起来，等苏军集结在下游准备突围时，通过炸毁堤坝来淹死苏军。

在《伊利亚特》，仿佛有神明帮助英雄们在战场上战斗。在危险的紧急关头，阿列斯·阿西那突降地面，用乌云掩护他宠爱的人，挽救了他的生命。普希金在一首诗《从戈拉齐依》中这么写道：

> 但是爱尔米依亲自用乌云，
> 覆在我的身上，带了我远去，
> 救我逃出了难免的死。

现在神明已经被化学家、水文学家和气象学家们替代了，我们面前有一条很宽的河流需要渡过，水文学家知道水流的速度，气象学家知道天气将会怎样，风向将会吹向敌军，于是他们给风分配了一个任务：把烟幕送给敌人。

首先向水中扔很多烟幕弹，再向水里放一些木筏，木筏上面放一些点燃的柴火棉花，它们不停地冒着浓烟。烟幕弹和柴火棉花顺流而下，河上乌烟密布，风挟持着烟云，向敌人的战壕里飞驰而去。

于是，敌人的迫击炮、大炮和机关枪，铺天盖地地向烟云袭来，但那都是在无谓地浪费弹药，因为烟幕弹的后面空无一人。而与此同时，真正的军队则在安全地渡河。1943年的夏天，苏军横渡北顿尼次河时，就是采用的这一奇招，当时，烟云成了我们很多战士的救命恩人。

第05章

驯服大自然

　　我们利用大自然的魔力为我们劳动，同时还让大自然给我们筑起一道保护墙。河流发电照亮了城市生活，发动了机械，还牵引了汽车。还是这条河流，战时，我们需要它洪流滚滚，以抵挡住敌人的进攻；当我们自己的军队需要过河的时候，我们需要它水位退落。

四种自然要素

无论在和平时期，还是战争时期，水、空气、土地和阳光这 4 种自然要素都被我们应用到生活和战争中来了。

我们利用大自然的魔力为我们劳动，同时还让大自然给我们筑起一道保护墙。河流发电照亮了城市生活，发动了机械，还牵引了汽车。还是这条河流，战时，我们需要它洪流滚滚，以抵挡住敌人的进攻；当我们自己的军队需要过河的时候，我们需要它水位退落。

风充当了树木的播种机，风带来了烟幕护卫我们的军队过河。所有这些，我们是否可以说已经征服了所有自然要素吗？答案当然是否定的，它们还是常常不服我们的管教，我们没法一劳永逸地控制它们，预测它们未来的行为。

河堤拦着河水，但河水并不是温顺、驯服的家畜，而是马戏团的野兽。驯服的野兽看起来好像很听驯兽师的话，但事实果真如此吗？如果真是这样，那为什么当驯兽师将头颅伸进野兽张开的大嘴的时候，我们怎么还是会屏住呼吸，把心提到了嗓子眼呢？因为我们非常清楚，野兽随时都有可能跟主人反目成仇。

短时期内，我们还没法彻底征服自然，事实上这个工作我们才刚刚起步。我们开始观察天空大气的流动规律，我们在各处布下警戒哨。但是我们却没法给寒冷的北方空气发号施令，让它改变行程，命令它们绕过我们的果木园。即使是一片很小的乌云，我们都没法让它立刻化成雨露，滋润我们干涸的田野。我们甚至不能预言，这片云将在什么时候，什么地点把它带的雨水释放下来。

这一切的一切我们都做不到，不仅仅做不到，甚至我们对此还一无所知。不过我们虽然在自然这个大舞台上做不到，但已经在实验室、科研所和气象台里开始渐渐做到了。

海洋的生活归海洋研究所研究。海洋里住着哪些植物和动物，通过海洋里的动物能判断出海水是什么样的吗？不同大海的海水会有所不同吗？这些都是海洋研究所关心的问题。

海水由哪些成分组成，这些成分还在不断发生着什么变化吗？海底是什么材质构成的？海岸会改变吗？还有是否可以让大海像河流一样为人类服务，又怎样将潮水和海浪的巨大能量为人们所用，而不是白白浪费掉？

工程师们该怎么制造船舶和位于港口的设备？捕鱼最好的方式是什么？我们能不能安全地在结冰的海上航行？

黑海水文物理研究所、海洋学研究所和一些别的海洋研究所，正设法在他们各自的工作范围里回答这些问题。

国立水文研究所则负责研究陆地上的水。冰流、暴雨，春汛、水灾、地下水和地表水的流动状态、水渠的形成过程、河流的记录、水的物理和化学现象……反正只要跟江河湖沼有关的事情，都是它研究的对象。

中央高空气象观测所和中央地球物理研究所负责研究空中的自然现象。飞行观测站、无线电探测器、对流层用气球和平流层用气球等高空气象观测者，

▲ 平流层气球探测器

在前面我们已经叙述过了。

这是一个新的学科，所以中央高空气象观测所是苏联所有的水文气象科学研究所中年龄最小的一个了。它于1940年出生，出世不久就参加了与敌人的战斗。现在还可以看到，气象观测所广场上那些装配着无线电侦察器的小房子，还有那些花花绿绿的伪装。飞机上的高空气象观测仪器也还没有忘记，它们曾多次乘坐没有任何武装的飞机，被迫飞行在战争前线，而敌人仅仅在气象观测站几千米之外。

即便困难重重，这座高空气象观测所仍然在两年之后，即1946年就成为全世界最大的高空气象观测站之一。

在那里我看到了15册厚厚的著作，是由40个人精心编制而成的。书中收集了6000多次由飞机和无线电探测器在升空

▲ 气象观测场

过程中所做的观察记录，仅仅是无线电探测器，就在平流层飞行了1400次。

这15册著作奠定了未来许多研究和其他著作的基础。气象学家们在里面寻找大气研究资料。建造飞机的人，设计航线的人，平流层的探险者，无线电机械研究者，无线电侦察术研究者，以及其他更多的研究者和发明者们，他们都在书中寻找他们所需要的计算题的参数。

但这些书中的数据，仅仅是中央高空气象观测所的飞行观测站科学成就的一部分，这些观测站在空气和海洋中收集或正在收集的科学成就还有很多。

高空气象观测所支配的仪器除了飞机和无线电探测器之外，还有各种大大小小的气球。我们都知道，气球有一个很大的缺点，那就是没法随意指挥

它们的行动，但这个缺点却成了研究气流的长处。

要研究气流的行踪，最好派"人"跟它一起去旅行，气球就是最好的不二"人选"，它随风飘荡，温顺地跟随在气流左右。气流的旅行和遭遇这本书里已经叙述过了。

高空气象学家盖格罗夫曾经给我讲过他亲身经历的一些遭遇。他曾经花费 69 个小时同大陆性北极气团一起，从莫斯科一路旅行到诺夫西比尔斯克，创造了气球旅行的最远和最久记录。

气球飞过乌拉尔时，一部分气流从旁边绕了过去，一部分则从高山顶上翻筋斗过去，气球就跟随着翻过山去的那部分气流里。空气先上升，后下降的过程，坐在气球吊篮里的飞行家也亲身感受到了。

随着高度的上升，空气变凉了，于是水分凝结成了云，云里往下落着雪。气球也变凉了，掉到了云里。它被风以 60 千米的时速吹到了山顶。就差那么一点点，吊篮就会撞上山坡上的石头。

只能忍痛扔掉所有的东西，气球穿过云层，重新上升到了 4000 米的高空。到了山的另外一面，气球开始下降了，它被空气压缩，所以变热了。云也散了，吊篮里也没有东西了，刚才已经扔掉了罐头、苹果、蓄电池等一切可以扔掉的东西，所以气球又继续轻飘飘地往前飞行着。

当然仪器是无论如何都不能扔掉的，否则航行就失去了意义。气球吊篮的四周放了 4 个桌子，桌子上放着 4 个匣子，穿着降落伞的匣子里就装着研究气流的仪器。

在中央高空气象观测所，那里的人们给我展示了飞行家们随身携带到空中，用于研究高空中的空气和云的各种各样的仪器。

我看了看照相显微镜，上面有一个方格网，网上有许多大大小小的水滴。云里一共有多少水滴呢？这个问题就像一个童话故事中的问题，你知道大海里有多少水滴吗？你知道沙滩上有多少颗沙子吗？

如果童话里的人也有我们现代的科学仪器的话，回答这样的问题就不会让他们勉为其难了。

要计算出云里一共有多少水滴，需要首先知道云里一共有多少水分和水滴的大小。可以用照相显微镜测量水滴的大小，测云的含水量则用另外一种特别的仪器——暖炉湿度计。我们在气象观测所里见到过普通湿度计，暖炉湿度计是在普通湿度计上增加了一个电炉和风扇。

把云，或者说饱含水滴的空气，用风扇吹过仪器，水滴被电炉烤热之后就蒸发了，然后用湿度计测量湿度有多大。当然我们需要知道空气中原本含有多少水分，用另外一个普通湿度计测试空气中的湿度，然后将二者的读数校正一下。

假如要将高空气象学所有仪器的精妙全部讲一遍，那我要写很多篇文章才行。

我看见过一瞬间就能测好温度，并且连续记录的温度表。医院用的体温表需要 10 分钟才能测量好体温，所以体温表的速度在它面前完全就是一个"懒汉"。

我看见过微风力计，哪怕最微小的、每秒移动只有几厘米的小风，也逃不过它的眼睛。我还见过另外一种风力计，它记录那些从上往下或者从下往上的大风。

这里还有光线辐射表，它专门测量云、地球和太阳所发射的光。光线辐射表极其敏感，无论云光发生多小的变化，它都有反应。但对飞行中的振动颠簸却视而不见，仪器上的电流指针不会因为振动而发生丝毫变化。

几十种精密的仪器和高空气象学家一起，研究气流，研究两个气团前线上空的云层。

有时，一个气球不够了，需要 2~3 只气球上升到不同高度的空气层去旅行，沿途观测不同空气层的状况。1940 年就做过一次这样的实验，3 个气球同时放飞，同时落地。最下面那只气球飞得最远，快到阿肯基尔了，行程将近 900 多千米。中间一只气球落在它往南 300 千米左右，最上面的气球落在它们的

▲ 热气球

后面 300 千米左右。

虽然它们是跟随着同一股热带气团的气流飞行的，但飞行的距离却有天壤之别，所以这次实验得到一个这样的结论：气流在飞行途中被分成了很多层次，而每一层都有它们各自的行进速度。

它是水文气象机构中最年轻的成员，中央地球物理研究所，它可是最年老的研究所之一，马上就要过百岁诞辰了。它还是苏联许多研究所的鼻祖。

在中央地球物理研究所里有很多的部门。有研究大气物理学的部门，这里是天气预报者开始工作的地方。

有研究应用气象学的部门，气象学主要的研究课题有：雾的产生和消除，如何与寒霜、冰冻和雾凇的斗争等。

有气候学家工作的部门，气候学家们主要研究苏联的大陆和海洋各是什么气候，地球上各种气候如何产生的，气候是否会变化，以及能预测这种变化吗？能像预测明天的天气那样，预测北极会不会变得越来越暖和？

最后一个部门是一整套实验室。有研究空气中光的轨迹的实验室；有研究空气中声音传播的实验室；有研究太阳辐射的实验室；有研究大气电学的实验室；还有研究无线电电波传播的实验室。

如果要把中央地球物理研究所的所有实验室和所有部门都详细介绍一下的话，我估计还要另外再写一本厚厚的书才可以。他们研究的那些问题是那么有趣和重要。

随便拿其中的化学线实验室来说好了，它是专门研究太阳光线的化学线的。我们知道，阳光是催生水、土地和空气这三种自然要素活力的第四种自然要素。如果没有阳光，地球就不会生长植物，也不会有动物，陆地上不会流淌河流，海洋里也不会有移动的洋流，空气中也没有风的产生。

地球不会独吞接收到的光能，它对宇宙空间还有回馈。地球只留下其中的白金——明媚的阳光，回馈的却是黄铜——看不见的辐射光。

所以我们同样需要替地球登记一本收入支出明细账，计算一下地球所有角落得到多少光能，又回馈多少。

如果地球把所有的能量都反馈回给宇宙空间的话，对我们有百害而无一利。比如在夏季，北极有半年的时间太阳永不落幕，它得到的阳光比赤道还要多得多，但是北极终年覆盖的皑皑白雪，将其中80%的光能全都反射回去了，所以它的气温始终没法升上去。

而赤道没有雪，那里茂密的植被使地面呈深褐色，对阳光的反射少，给宇宙空间的回馈少，因而那里的土壤和动植物能获得更充沛的能量。

除了反射，大气的透明度也是影响阳光的重要因素。阳光很容易透过透明的大气照射在地球上，但地球回馈的黑色射线却没那么容易穿过大气层，所以大气层仿佛是罩在地球上空的一层玻璃。

但是当大气层里布满的灰尘时，比如火山爆发的地区大气会充满火山灰，或者地球经过宇宙尘埃区的时候，太阳透过不透明空气的能量就会减少。这

▲ 火山爆发

不是骇人听闻，而是确有其事。著名的研究阳光的教授卡利金发现，那些消失的彗星会留下宇宙尘埃，每年秋季，地球都会跟它们有个约会。由卡利金教授领导的化学线实验室，研究的都是这些最有趣的问题。

以前，世界上有唯一一个专门研究太阳的研究所，位于苏联巴夫洛夫斯克。在 1941 年这个太阳宫被德国人毁坏之前，科学家们在那里辛勤工作了整整 30 年。

苏联科学家在研究太阳方面的贡献远超外国科学家，很多人都在研究太阳，除了巴夫洛夫斯基外，还有伊尔库次克、塔什干、克里米亚和海参崴等地的研究者。

现在苏联已经是战后了，我们更应该扩大研究太阳工作的规模，因为苏联正在大规模建设新城市，这时就必须懂得"阳光的气候学"，俗话说得好："如果太阳不经常进去光顾，医生就要经常进去光顾了。"

人们正在试图改变植物的地理学，为了找到移植它们的正确方法，也应该了解一下苏联阳光的气候学。

人们正在试图让沙漠变成绿洲，如果太阳愿意帮忙，那么南方的太阳就不再是我们的敌人，而是我们的朋友了。

▲ 太阳能温室

人们所有的机械都是靠太阳来驱动的，虽然不是直接驱动，而是间接驱动。没有太阳就没有煤炭、没有风能、也不会有水能。

现在已经不用通过这些"中介"，而是直接从太阳那里获取能量。塔什干地球物理研究所的特洛菲摩夫一直在做这项工作。如果你有机会去中亚，你可以看到太阳能浴室、太阳能厨房、太阳能洗衣机、太阳能煮水器，甚至太阳能茶壶。在那里，太阳被用来晒干蚕茧和水果，抽水和提炼硫磺。

吸收太阳能的设备可以是覆盖玻璃的很大的温室，也可以是很小的光电管，甚至只是在一潭水上浮着的一层薄油。旁边的河水是冰凉的，但有油的水潭下面，仿佛表面覆盖了一层玻璃一样，水在太阳的热晒下，几近沸腾。

太阳不但可以帮助我们工作，还能帮助我们研究大自然。科学家们现在已经可以用阳光来研究大气了。通过云霞的颜色，天气预报者又有了一个新的方法来判断气流的种类，哪怕气流离他们有 1000 多千米之遥。

太阳离我们非常遥远，但我们所有的事情都离不开它。如果没有太阳光，我们就会像鼹鼠一样，变成瞎子。但即使阳光明媚，我们也不一定就看得清晰，能见度也扮演着很重要的角色，尤其是在飞行的时候。

能看见什么，怎样才能看见？看远处的东西，为什么能看清其中一种颜色，却看不清另外一种颜色？为什么当天空晴朗，万里无云时，天空的能见度反而会降低？这些问题和许多类似的其他问题，都是大气光学实验室需要回答的问题。

无线电气象学实验室也非常有趣，我们也不得不提一下。在做广播节目时，"天电"会干扰无线电服务员，但对于飞行员来说，却不无好处。

大气里一旦充满了电，就会产生干扰。天气也想参加广播节目，它们挤进无线电波里向各地广播。天电观测所里的工作人员正是抓住了这个机会，他们用一种可以旋转的天线，来捕捉从天气发出的无线电信号，风暴的中心就在天线的那个方向。天气发出的每个信号，每个干扰的噪声，都会由自动记录仪器记录在纸带上。很快，中央天气预报研究所就能得到这些情报，人们同时在 3 个地方捕捉天气发出的广播，风暴中心就能确定了。

在遥远的某个地方，风暴中心暖气团、寒气的前线和气旋手挽手一起行进。气象观测站的气压表和温度表并没有感受到风暴的临近，还是那样的平静。但天电登记所里却得到了风暴的报警——天气自己发出的警报。这个警报迅速得到传播，飞行员们也都知道了，他们在什么地方会和风暴邂逅。

这本书里讲中央天气预报研究所的事情已经非常多了，这个研究所首先的工作是编制天气预报，但不仅如此，他们还在寻求更新、更快和更准确的方法，向人们预告自然未来的行为。

水、空气和阳光，这 3 种自然要素就是这样被研究所和气象观测站的人们在

▲ 第一次国际极地年活动中建立在喀拉海的一个观测站

研究着，那第四种自然要素——土地，又是由谁在什么地方进行研究呢？

那些研究我们地球地上与地下世界的研究所和实验室，如地理学、地质学、地震学、地球化学和植物地理学等研究所和实验室，要全部说起来真是一言难尽。这里我们不得不提一下地磁研究所，因为他们不但研究着地球内部的磁性，而且地球上面和大气最高层的磁性也归他们研究。

北极光是怎么发生的？每天黄昏，为什么没有太阳和星星天空还是亮的？我们高空的无线电波是怎样行动的？将无线电波反射回地面，存在于距地面100千米以上高空的这种神秘电离层是什么状况？这一类的问题都是地磁研究所在研究。

苏联还有科学院地球物理研究所，阿巴斯土曼斯基天体物理研究所等都在研究大气。科学院里有一个专门委员会在领导研究平流层，科学家们用各种各样的方法打探地球的大气层。

苏联科学家们利用北极光和曙光、夜里出现在天空的微光、反射的无线电波、坠落的陨星、流动的夜光云、探照灯发散的灯光，以及曲折的声音等现象来研究平流层。

他们的研究出了很多成果，现在已经可以想象出高达180千米开外高空大气温度的变化情况了。

空气在地面被地面这只滚烫的炉子烤热了，于是它开始上升。在上面它又会变凉，于是又重新开始下降。这种空气的循环往复运动让对流层里的温度更加和谐。如果没有空气的这个运动，高处与低处的温差将会很大，那样10千米高的地方就不只是零下50度了，很可能会是零下100℃或者更低。

离地面9~11千米左右的地方，温度不再下降了，相反开始上升，这里就是平流层与对流层的分界线。

怎么解释这种现象呢？平流层里有很多臭氧，特别是离地面22~25千米高的地方，一层臭氧组成的幕布挡住了地面往宇宙空间反射的红外线的去路。

▲ 北极光

　　平流层里的臭氧层又是从哪里冒出来的？原来太阳的紫外线在不知疲倦地把氧分子撕裂成氧原子，制造了臭氧。一个氧分子和一个氧原子结合成亲，就变成了一个臭氧分子。

　　就是这样，太阳光中肉眼所看不见的紫外线，给地球上肉眼所看不见的红外线制造了一道屏障。正是这个原因，在平流层离地面60千米的地方，气温高达75℃度。

　　再往上走，温度又会慢慢降至零℃以下。在大约80千米左右的地方可以降到零下10℃左右，再往上又开始回升。原来在这个地方，跟平流层一样，有一个气温从降到升的拐点。

　　通过研究平流层的风，科学家们又发现了一个奇怪的现象，在平流层底占主导地位的风，与80千米处的风向是完全相反的，一如信风和反信风那样。

平流层里仿佛也有一个不断循环着的齿轮，这些齿轮高速自转着，摇匀了空气的成分和温度。

80千米往上气温继续升高，在离地180千米左右，气温甚至可以达到700℃。

电离层有属于它自己的风，也有属于它自己的云。但这些云里并没有水分，而是饱含离子。这个云的空间包含大量的电子和离子，但云周围的其他空间是由普通分子和原子组成的。那电离层的这些电子和离子又是从哪里来的呢？

为了搞清楚这个问题，苏联的科学家们特意在发生日食的时候，测量了电离层离子的浓度，发现日食的时候，离子明显少了许多。由此可见，电离层有离子也是太阳的辛勤劳作。

当太阳中间的子午线上出现的耀斑增多时，离子也会增多，所以太阳的生活与电离层的生活是休戚相关的。

太阳很慷慨，它不但送给地球阳光，而且送给它大量的带电粒子，这些太阳的使者让离子布满了大气的上空。

如果太阳不存在，阴离子和阳离子就会"结婚"中和，电离层里的导电层就不复存在了，无线电通信将寸步难行。

电离层与天气还有关系，最近科学家们发现，地面的大气压与远在100千米高的离子数量多少还有关系。他们还发现，平流层中臭氧层的幕布竟然也和天气有瓜葛：气团前线在经过之前，平流层的臭氧也在改变着成分。1948年第一期的《苏联科学院通报》里，赫伏斯齐科夫教授写了一篇非常有趣的论文，里面对这些事情分析得清清楚楚，明明白白。

科学家们从对流层一直摸索到平流层，并继续向上，希望摸索通往太阳和耀斑深处之路。

地球上有风暴，太阳上也有风暴。地球上有带着雨的气旋，太阳上炽热的大气圈里同样有旋风，两者在很多地方都颇有相似之处。

► 太阳风暴

　　也许通过这些可以找到破解谜团的钥匙：电离层或者更遥远的太阳上的现象怎样影响地球的天气？在那个时候，天气预报者在编制天气预报时，不但要在地图上标记气象观测站和高空气象观测站的数据，而且还要标记从高空电离层那里得来的数据。

　　离子气象学在目前还没有帮上天气预报者的忙，还只是在给无线电服务员提供协助。

　　现在在天气预报研究机构以外，还设有电离层气象研究机构。这个机构在观察电离层的同时，也在做电离层的预报：什么时候无线电信号能听得见，什么时候因为电离层会发生变化，从而导致无线电信号中断。

　　数以百计观测所和研究所，数以千计的气象观测站都在注视着，观察着，研究着自然现象，但仅仅注视和观察是不够的，我们还要采用实验的方法。

做导演还是观众

观测大自然的工作就像戏院里的观众一样，每天早上，镶嵌着星星的幕布一拉开，一出新戏又开始上演了。今天上演的戏是什么名字，《晴好天气》还是《暴雨与冰雹纠缠的风暴》，抑或是《飓风》或《洪水》的悲剧？

一般来说，戏院里的观众是不能干涉舞台上的剧情的。有时他也恨不得告诉梁山伯，祝英台其实是个女生，或者告诉唐僧，孙悟空是正确的，那个少女，老太太和老头子，都是白骨精一人所饰演。不过观众心里很清楚，他只是个观众，他应该本分地坐着看台上的戏。

然而在大自然这个戏院里，却有不同的规则，观众是可以做导演的。科学家们不但观察着大自然，还要干涉大自然的演出。他们很想修改戏剧的演出秩序，甚至戏剧的结局。他们不会只坐着看台上演出，还要在戏台上走来走去，甚至去监视后台。

如果酸和金属碰面了，会发生什么情况呢？科学家们如果想知道，他是等不及大自然来排演这样的戏的，谁知道大自然的节目单上，有没有这样的戏呢？所以科学家们自己导演这出戏，他把金属碎屑放入试管，然后把酸一点点地滴进去，看看到底会有什么现象发生。这就是化学家们的工作。

那水文学家和气象学家们是怎么工作的呢？他们的试验品不是一滴酸，也不是一小勺的盐，而是江河湖沼、风云雷电、大陆海洋。他们既搬不动陆地，也移动不了海洋，似乎没有办法做实验，但他们可以通过想象力来做实验。

很久以前，沃叶科夫就琢磨地球上的山脉如果发生改变，对气候会有什么影响。他发挥想象力，在脑海中构造一片四周围着高山的北极大陆。当海风刮过这片山脉时，南坡将所有的水分都拦下了，南坡就下着越来越多的雪，大陆的中央却干燥、无云且无风。长达 6 个月的漫长夏季，因山脉挡住了海洋上寒风的侵袭，北极的空气和地面同样会被太阳晒得暖洋洋的，所以如果山脉改变它与大陆的相对位置的话，北极就不会这么寒冷了，相反也许会很热。

这种"愚公移山"似的实验现在是没法在大自然里做，但一些小实验还是可以做的。苏联阿拉木图附近的山里有一个观测所，所里的水文学家们一直希望研究一下山洪暴发，可是左也等不来，右也等不来。山洪岂是说来就来的？比等大海的大风暴更难呢，也许一辈子都等不来一次。心急如焚的他们于是决定创造一起山洪。

如果山洪冲入街道，它们可没学过交通规则，所以造成的损失一定会很大。人造山洪，就可以改变它的"旅游目的地"，把它赶入偏僻小径。水文学家们找到了这样一条位于大阿尔马——阿青克的小沟，他们计划在小沟上筑坝，并将河水引入坝的上游。

等坝上锁住的水足够多了，便打开堤坝，河水奔袭而下，带起沿途的泥土和石头，变身为泥石流，它不会肆意破坏，只会按照我们规定的旅游线路移动，事先安装的仪器便会告诉水文学家们泥石流经过时的状况。

水文学家们将这个计划写在纸上，得到了水文研究机构领导的首肯。你也许听过河堤维修计划，也听过水库修筑计划，但你听说过人造洪灾的计划书吗？可见实验不但可以在学校实验室的课桌上做，也可以在地球这张大桌子上做，在山谷，在河流，在无边无际的大自然上做。

实验室里的人造"地球"

你们也许要问了："做如此大规模的实验有必要吗？"如果我们在实验室制造一些河流、海洋的模型，或整个地球的模型，我们要研究大自然的时候，就用这些模型来做研究，那不是更简单，更划算吗？很多时候，人们还真就是这么做的。

洛莫诺索夫以前为了解释北极光产生的原因，做了一个这样的实验：他找了一个玻璃球，将里面的空气抽出，然后通过摩擦将玻璃球充上电，于是玻璃球便开始往外放光。洛莫诺索夫通过这个实验证实了他自己的观点——大气中发生的电气现象是北极光产生的原因。

后来的柏克兰德决心做一次实验，想证实北极光是否真的与太阳的火焰和耀斑里飞出的电子有关。他拿来一个铁球，然后用铁丝缠上，接着让铁丝充上电，铁球就变得跟其他磁铁一样，因为它被磁化了。

柏克兰德用黄铜包上这个铁球，并在黄铜上涂了一种物质，在有电子向它放射的时候，它就会开始往外放光。于是一个具有南北极磁性的"小地球"诞生了。

还需要制造一个地球运行的"宇宙空间"，宇宙空间有很多电子贯通地球。一个放电的巨大管子在这出戏中扮演宇宙空间的角色，这个管子类似广告牌上发亮的光管，但是个子要比那些管子大很多。

只要将"地球"放入"宇宙空间"，戏就开演了。柏克兰德把地球磁化了，然后用放电的管子射入大量电子，于是"地球"的两极出现了一道道螺旋状的光，跟北极的居民在天空中看到螺旋状幕布和彩带完全一样。

就是这样，科学家们设法将地球都放进了实验室。如果需要，他们还可以在实验室制造出海洋、河流和陆地。

▲ 潮水

　　苏联的科学家们要研究白海的潮水。但是白海并不是大海，它自己的潮水不会很高，如果白海的"喉咙"里不会被灌入大洋的潮水的话。

　　这些潮水是如何在海里面流动的呢？为弄明白这个道理，科学家们画了好多图，并做了很多计算。但是问题错综复杂，因为那些海岸线的轮廓非常复杂，海底也是起伏不平的。

　　于是科学家们决心在他们的实验室里造一片"大海"。通过实验来校正计算。他们完全按照海的深度图，按比例用混凝土制作了海底。用黑墨将水染成黑色充当"海水"，并放了一些白色的纸片在"海面"上随波荡漾。

　　实验开始了，这时他们猛然意识到地球是旋转着的，为了得到更精确的结果，于是他们便把"海"放在旋转着的轮子里。

　　他们制造波浪从"入海口"涌向"海里"，小纸片随波漂流，通过它们漂流的轨迹，可以观察出从洋里流进海里的潮水是怎么流动的。

有一位名叫拉扎莱夫的苏联科学院院士，不只在实验室建造了一片海，而是将全世界所有的"海洋"都建造出来了。

这是一个圆澡盆似的东西，将水注入到澡盆里面，代表海。然后用石膏按照大陆的形状做成大陆的模型放在海底。澡盆的中间代表北极，边缘则代表赤道。在赤道上空一定距离的澡盆上面挂上一个圆环形的，有很多分岔的玻璃管。当他往玻璃管里吹风时，空气便从那些分岔口冒出来，用这个来模拟赤道上空的信风。

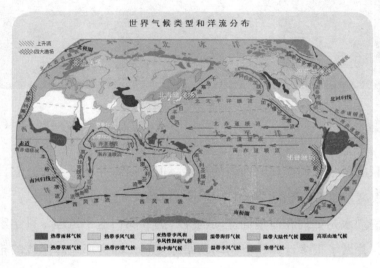

▲ 世界洋流分布图

同样他也把水染成了黑色，并在上面放置了一些铝片随风飘荡。然后拉扎莱夫让"信风"吹起来，他发现那些亮闪闪的铝片在黑色的大洋里随波荡漾，顺着水流的方向。于是他把这些"洋流"的照片拍下来，跟海洋学家们编制的水流方向做对比，结果发现它们惊人地相似，这里也能找到我们都熟悉的那些洋流，以及逆时钟方向冲洗非洲海岸的环流。

在此基础上拉扎莱夫又做了一件更宏伟的实验：他决心重建数亿年前地球海洋中的洋流。这等于在实验室复原数亿年前自然曾经演出过的那一出出戏剧。

拉扎莱夫又用石膏做了一些古代大陆的形状，代替现在的大陆模型。根据地质学家的观点，那时还没有欧洲，没有亚洲，也没有美洲。那时的海岸名字，我们几乎闻所未闻，如：依奥恩提斯洲、北阿特兰提斯洲、曼德朱里斯洲、戈罗诺提斯洲等。

在"世界海洋"中安插了这些"大陆"后，拉扎莱夫同样开启了"信风"，奇怪的现象发生了，"赤道"附近的"暖流"没有任何恋恋不舍，而是自由自在地往"北极"流去，形成了"赤道—北极—赤道"的水流循环。

通过这个实验我们可以看出，在远古时代，南北两极并不像我们现在看到的这样寒冷，而是比较暖和，也许还很热。

拉扎莱夫又决心模拟时间稍微往后一点的时代里洋流的情况。那时欧洲和美洲虽然都已经存在了，但还是连成了一片。

实验又准确地告诉我们当时的洋流情况，温暖的水流没法到达北极，只能冲到这一大片陆地的南岸。可以想象，那时的欧洲气候比现在一定要寒冷很多。

再后来欧亚大陆和美洲分开了，给洋流让出了一条通路，气候才慢慢地演变成了我们现在看到的这副模样。

就这样，科学家们在自己的实验室建造了地球的这架机器，并在上面做实验。虽然和地球真实的那台错综复杂的机器相比，这还只是相似度小得可怜的模型，但如此简单的模型，就已经能在科学家们探索大自然生活秘密的进程中发挥重要的作用了。通过它们，我们可以了解地球的这架机器的动作是如何不断变化的，因此地球的气候也就不再是永恒不变的了。

实验场里的人造"河流"

科学家们不会忘记，地球的模型并不是真正的地球，一杯水里的风浪与真正大海里的风浪是迥然不同的。

我们知道造一个轮船模型很容易，如果你想让模型做成真船大小的几十分之一，那么只要把船桅、锚和舵等所有东西都按比例缩小到以前的几十分之一就可以了。

但是这种办法是不适合制作海洋和河流模型的。比如我们要做一个伏尔加河的模型，要知道伏尔加河长达几千千米，现在要让它蜷缩在几米长的桌子上，桌子再大，也不过是一张桌子而已。

如果全部按照相同的比例，那么伏尔加河的宽度就只好做得比头发丝还要细了，几分之一毫米，而深度则几乎可以忽略不计。这种"百分百准确"的模型，老实说并没有什么实际意义。不是所有的东西，都能用"百分百准确"的模型来表现的。

所以，如果一定要在实验场里制造出一条小伏尔加河来，我们就必须将"百分百准确"抛在脑后，在把长度缩小为几百万分之一的同时，硬着头皮将宽度只缩小到比如千分之一。这样我们伏尔加河的宽度多少有几十厘米了，它是一条真正的小河了，而不再只是一根头发丝。

如果我们把水深也按照千分之一的比例缩小，那么我们的伏尔加河的水还是太浅了，没有办法，我们只好继续硬着头皮把深度只缩小到比如1%。这样，虽然我们的伏尔加河已经不是那个伏尔加河了，但它看起来至少还是一条河流。

但是河流并不只有河床，它还要收集周围平原和山坡里的水。水从地面，或地下两块沙土之间渗透出来，流入河流。

难道还要把每一块沙土也缩小到几分之一？这恐怕只有童话世界里的魔法师才能办到，看来我们只有让沙粒保持原状了。

用这样的方法做出来的河流，跟原来的伏尔加河已经千差万别了。所谓"差之毫厘，谬以千里"，越是深入地剖析它，这种差别就会越来越大。

这个模型里的一颗颗小沙粒，相对于这条模型小河来说简直就是一个个大石头，它们会很快沉入河底。而真正河里的沙子是会被水冲走的，不会堆积出浅滩和小岛来，但我们的模型河却会，所以时间长了，模型河的外貌看起来会有一些荒诞，估计最熟知伏尔加河的船长，也认不出它就是自己常常穿行的伏尔加河了。

要怎么办才好？我们只好尽可能少地歪曲河流的尺寸。外国和苏联那些研究人员，为了研究河床的生活，利用模型来做研究的实验场里的人造河，为了更像真的河流，只好舍弃整个河流，而只采用一小段河流，并且把这一小段河流模型的比例做得尽可能大。

实验室里的大河流模型开始越做越大。战前的古比雪夫实验场创下了记录，那里的河沟可以达到5个流量——每秒流过5立方米的水。这简直不是一个河流模型，而是一条真正的河流了。

我预测，苏联再过几年，将会出现水利实验基地。它不再是一个实验室，而是一个实验场，这个集体实验场将占地几十平方千米。在实验场里有自己的江河湖沼。

在那里，自然界里水的行为，无论是在地上地下，无论是在平原还是丘陵，无论是在草地还是森林，无论是在田野还是沼泽地，都可以深入地供人们研究。而且那里可以制作规模宏大的模型，还可以做大型的实验。

实验场做实验用的都是桌子，而这个实验基地的"桌子"就像城市广场那么大，长宽几十米，甚至几百米。这种广场上可以制造出完全不歪曲比例的河流模型。

普通实验场的水是来自自来水管的。而这里的河流模型需要如此多的水，以至于人们必须建造堤坝拦蓄湖水，然后将湖水引流到我们制作的河流模型——人造第聂伯河或伏尔加河。

到那时，人造河床里流过的水比古比雪夫实验场里流过的水还要多很多。它就像是一条运河，里面水的流速可以比肩高加索山里流得最快的河流。高加索山里的河流是穿过平原和北方森林的。

在这里，实验者可以任意让人造河流冲走或者堆积泥土，能左右它的生活，又能让它放任自由。

广大的实验场里还有很多做实验用的其他设备。比如我们在大自然里观察雨水流入河流的时候，我们不能通过意念来呼风唤雨，呼唤来一场暴雨。或者跟老天爷下个订单，定制一场我们所需要的雨，当然也不能为了让雨水流得更快些，而把草地或田野倾斜起来。但是在这个实验基地里，这些都可以做到。实验者下达命令："请来一场暴雨。"立刻，几百平方米大的广场上，制雨设备开始浇下一场倾盆大雨。实验者继续命令："停止大雨，改下小雨。"广场上的大雨立刻停了下来，下起了小雨，与11月份的天气如出一辙。

如果想把广场倾斜起来，只要转动一下杠杆就可以了，广场就可以与地平线倾斜成任意角度。

你见过河流的诞生吗？最早的时候，雨水在地面汇集成玩具般的河与小溪，然后由小溪组成极其细微的网络状细纹。那种情景你能描述得出来吗？

在这个雨水实验场里，这些不但能看见，而且还可以拍照、研究和测量。甚至你可以亲眼观察雨点从落地的那一刻起一直流到河床里去的全部旅途。

雨点同样落到了树上，你把树摇了摇，雨水纷纷掉落下来。这样做有什么意义吗？我们摇一摇淋湿的树，是为了知道树叶截留了多少雨水。如果想详细地了解水的循环过程，这个环节也是必须要做的。

雨点在奔向河流的旅途中还会遇到很多障碍物。它现在虽然像飞机降落在机场一样，落到地上了，但在进入河道的漫长旅途中，这还仅仅是万里长征的第一步。

要是雨点落在耕过地的田野上，那所有的沟、坑和犁好的田垄都会竞相挽留雨水，除非它们都吃饱了，喝足了，水溢出来为止，才会继续踏上流向河流的旅程。

这样的情况我们见得太多了，但仅仅看见是远远不够的，我们还需要精确测量。只有雨水从落地的瞬间，到流向河里的全过程都能被观察、被测量时，做出来的水文预报才能更加自信，从而准确预言每次暴雨带来的水灾。这就是实验基地上要造一个排水实验场的目的。

地下水是怎么流动的？农学家和道路建造家都需要知道。

我们都见过，土壤在春季会变干，它是如何变干的？水分都跑到哪里去了？并不是每个人都知道这些问题的答案的。

水蒸气不但会穿过地面往上升，而且也会向下飘散，当它碰到地下那些像冰箱一样寒冷的土壤时，又重新凝结成了水。

秋天，当乌云挡住了太阳时，地面得到的阳光就少了，土壤的上面比土壤的深处变得更凉，于是水分便从下面开始往上爬升。

对于这些，植物的好朋友，人称地下经济学家的农学家们需要研究清楚，而道路建造师们也不能盲目动工。

道路看上去是静止的，但它实际上也有着复杂的生活。哪怕在最干燥的天气里，路基内部也有着我们肉眼所看不见的水循环。

有的地方，土壤所有的空隙都被水流充满了。有的地方，土壤看起来很干燥，但有一层湿润的、肉眼看不见的水膜爬了进去，每一颗土粒都被它们包住了。

为什么道路浸湿了就不好走了？为什么在雨季，道路会变成泥泞路？这些都需要我们去探求。

于是，河床试验场、排水实验场和土壤实验场在这个实验基地被建立起来，用以研究水的种种怪诞行为。水有时也不再流动，比如当它变成冰的时候。所以实验基地上还有一个冰的实验场。

实验场里的人造冰

河面上的冰谁都见过，但不只是河面上结着冰，在下面的河底，也冻结着河底冰，只是我们看不见罢了，直到它变成冰块，浮到河面上时，它们才进入我们的视野。河底这个神秘的居民经常会给我们带来很多灾害，如果哪怕有一小块河底冰被卷进了水轮机，水力发电站就会罢工了。

要怎样才能看见河底冰的出生和成长过程呢？穿潜水衣呆在水里观察？即使工资再高，估计也没人愿意去干这个工作。

还有那些面糊状的碎冰，也是水文工程师的敌人。它掠夺水力发电站和自来水管里的水，把面糊状的碎冰填满水力发电站和自来水管的肚子。

要观察冰在河底的生长过程，无论何时，无论何种冰，都能看出它们发生的冰流和封冻，那么也需要建一个特别的实验场。

人们在那里建起了一条长几十米的人造运河，人造运河上有人造风，人们对这些风可以呼来唤去。命令它们变热还是变凉，变湿还是变干。

实验者站在管理台上，他们不仅可以改变自己河流上的天气，而且可以改变它们的季节，在夏天时给它们安排一个冬天，在冬天时却给它们安排一个夏天。他们一动不动，只是看着仪器，就可以测量出不同地点的水温和它上空的温度。

他们将一个格子栅放在水里把水分隔开，然后透过窗口盯着这个格子栅，观察面糊状的冰怎样将它塞满，里面又怎样被冰冻满。

通过在实验场里展开对冰的研究，我们可以不断探寻新的方法与它搏斗。曾经有很多次，轮船在北极航线上被冰挡住了去路。于是破冰船在前面开道，用自己的身躯将冰撞碎，给商船队撕开一条水路。那你该问了，怎样冰才能事半功倍呢？重重地、迅速地撞碎它，还是轻轻地、慢慢地击碎它？我们做

▲ 破冰船

冰的实验就是为了找到最好的破冰力度。

如果说对付海上的冰已经非常艰难了，那么与空中的冰搏斗将会更可怕。我们要怎样对付飞行员的敌人——飞机上结的冰呢？

油和肥皂水能让冰晶的结构改变，所以要想避免飞机结冰，可以在飞机机翼上和推进器上涂抹些油或肥皂水。但是要涂抹多少合适呢？这个问题也需要在我们实验场好好实验一下，我们才能信心满满地说："我们这趟旅行不害怕结冰。"

但是没有永远的敌人，冰有时也会成为我们的朋友。在苏联的森林里，长久以来，人们运输货物都是借助于一条条冰路。

战时，冰路也会帮助我们。我们对冰越了解，它便越会像朋友一样给我们莫大的好处。

彼得堡在两个世纪前，曾建造过一所冰房子庆祝皇族们的婚礼。现在的

驯服大自然  133

工程师也提议造冰房子，但不是用来娱乐的。

他们觉得跟其他东西一样，冰也是一种矿物，这应该是地球最便宜的矿物了。诚然，冰这种水做的"石头"有一个致命的弱点：当天气渐渐暖和起来时，水石头就不再是石头，而会融化成液体的水了。

所以以前建造冰房子只能用来娱乐，如果我们住的房子用这种会融化的石头来建造，那会怎么样呢？比如你到某个城市里去寻找某个门牌号的房子，到那里一看，什么房子也看不见，只能看到地上一滩融化的水。

这可比火灾的灾难还要头痛，火灾发生的概率还是很小的，即便发生了，也可以用水来扑救。但让房子躲着温暖的天气是没办法实现的，房子融化的时候你也不能用什么东西来拯救它。

但冰的建造工程师们却信誓旦旦地说，冰不仅可以用来盖房子，而且还可以用来筑堤。虽然在克里米亚盖的冰房子的寿命只有一天，但在苏联北部，它们却可以生存很久很久。

暖和的春季也会光临北部，但我们可以采取很多补救措施。比如给冰堤包上一层泥炭的外衣，能保护冰堤免受日光的照射。如果夏天冰堤被晒矮了几厘米，那么冬天的时候，又可以想办法让它重新长高起来。

▲ 冰房子

冰还有别的缺点，在重力的压迫下，它会自己流动。山里的花岗岩地层会呆在原来的地方坚如磐石，但山里的冰层却已经冰流成河了。我们辛辛苦苦盖起一座冰房子，第二天起来一看，它自己竟然就流逝了。

但如果好好研究一下冰的

特性，我们是有办法对付它的流动性的。

如果我们想知道一个人的身体内部的结构如何，我们一般用 X 线透视他。同样，如果我们想看清楚冰的内部分子结构，也可以用 X 线来透视冰的晶体。

这些还不是全部，当要检验一种新的建筑材料

▲ 冰雕房子

的时候，工程师们经常在实验室里给它们安排一场场艰辛的考验：他们压迫它，弯曲它，设法剪断它。实验室里的这些考验，冰同样不能绕过。

冰的建造技术得到了长足的发展和进步，在伊加尔卡，我们可以看见用冰建造的工场，冰建造的仓库，冰建造的水力发电站，甚至还有用冰建造的宫殿般的房子，支撑这座房子的都是些冰柱子。

这并不是幻想。位于北极圈里面的诺利尔斯克综合工场就做过一道冰堤。在经历了各种各样的检验之后，所有的检验结果都是合格的。

苏联的工程师们正在设计一道能承受 40 米水压的冰堤。还有工程师们建议在冰房子里建造冰构成的机器呢。

将来有一天，假如你正乘车行走在冰路上，经过一座冰城时，你会不由自主地想起童年时玩过的雪城堡和滑冰场吗？会想起银光闪闪的雪屋和晶莹剔透的冰屋吗？

气象学家的未来城市

我们刚从水文学家的未来城里回来，在那里，高加索山里的河与北方森林间的伏尔加河并肩奔流；在那里，夏季和冬季可以随时自由切换；在那里，人们可以呼风唤雨；在那里，冰堤即使在炎热的 7 月也不会融化。

现在，我们要去气象学家的未来城观光了。还没有走到它跟前，它高耸的塔尖就已经映入我们的眼帘。

这里的地磁馆深深地镶嵌在土地里。这里太阳馆的仪器自己会旋转，一刻不停地注视着我们委托它监管的太阳。这里的人工电离馆，有几米高的屋顶，屋顶上有强力的 X 线发射机。这座城里那些建筑物的奇妙说也说不完。

▲ 巴甫洛夫斯克

建设这座城的人该多费心费力。有的馆怕光，所以里面所有的东西都要涂成黑色。有的馆怕铁，所以所有的钉子、金属屋顶都只好用铜的，甚至在建房子之前，下面的土壤都要全部筛查一遍，万一里面有半个铁螺丝钉什么的都不可以。还有的馆不仅怕铁，而且任何金属都怕，唯恐金属会引起电流这个不速之客进门。

从前的巴甫洛夫斯克，有一座气象学家的城市，那里在全世界都鼎鼎有名。战争期间，巴甫洛夫斯克曾被德国人占领。所以当气象学家们回到自己的家园时，呈现在他们面前的只是一片断壁残垣。

气象馆的 4 个角上被德国人埋上地雷炸毁了；他们把小房子烧掉，把保护量雨器不至于被风吹倒的圆锥形保护层，扣在附近的烟囱上寻开心；把磁力馆更是弄得一塌糊涂。

现在我们要创造一个新的科学城，它要远胜过旧城。比如那个钢铁塔尖，它能俯视所有的建筑物，因为它比所有建筑物都要高。这在巴甫洛夫斯克是没有的，它会担当一个非常光荣的任务：负责研究没人管的野孩子——空气层。

没人管的流浪儿我们经常听说，很多书里都记录了很多他们的故事。但是你听说过没人管的空气层吗？它才是真正没人看管的野孩子，因为没人知道它，也没人照顾过它。

在气象观测的小棚子里，都是矮个子，风信标的杆子最高，但也不过是离地面几米而已。

在城市上空，离地面 500 米开始的地方，无线电探测器在探索着空气。在无线电探测器的领域与标的领域之间，到底空气层里发生了哪些神奇的故事呢？估计谁都不太清楚。

无线电探测器是不管这一空气层的，因为在 2~3 分钟之内，就会越过这个空气层。人们不能把它发射太慢，否则它的上升过程将会延长到数小时。

那该如何是好，我们也不管这空气层，并且以后也不去研究它了吗？这肯定是不行的。它对我们的重要性，跟最近大家都在注意的平流层相同。比如飞机就不可避免地要穿过这个没人管的空气层。

这没人管的空气层和比它高的地方一起，构成了我们的厨房，它们每天给我们做着雨、雾、冰雹或晴朗天气等这些可口或不可口的饭菜。

平流层和地面没有什么关系，因为它们相距遥远。而空气层却是地面的邻居，万事都会受地面的影响。

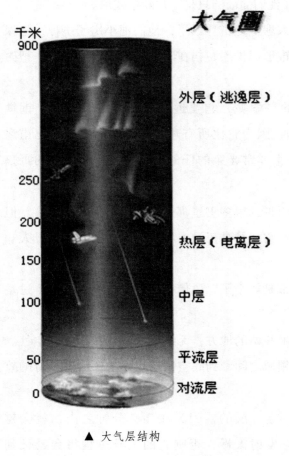

大气图

千米
900

外层（逃逸层）

250

200

热层（电离层）

150

100

中层

50

平流层

0

对流层

▲ 大气层结构

地面给空气喂水，并且炙烤它，送给它热量，当然它的热也是太阳给的。

我们觉得地是文静的，稳重的，而自古以来，空气就是轻薄的，浮躁的。其实如果地面不去挠空气的痒痒的话，空气自己会安详多了。空气中成千上万个旋涡，其实都是地面捣蛋搅起来的。

空气几乎到处都是相同的，无论森林上空，海洋上空还是沙漠上空，空气几乎是完全相同的。而地面却处处都有不同：有的地方被水覆盖，有的地方被沙子铺满，有的地方被青草占据，有的地方则被树叶遮蔽。

跟水相比，沙子更容易变热，也更容易变冷。森林里的树叶吸收热量则没有沙子那么容易。每一片山坡，每一个峡谷，都有属于它们自己的小天气，它们都有自己的体温。

所以贴近地面的空气也在不同程度地吸收热量。有的地方吸收热多，有的地方吸收热少。地面常常打搅它，让它不得片刻安宁。暖空气不断上升，冷空气跑过来补充，风和旋风在不停地搅和着大气。

由此看来，空气之所以具有这样轻浮的性格，完全是地面不停地打搅它的原因。但这却是我们人类之大幸。

假如空气纹丝不动，地面就会很快变热，仿佛一个冷却系统出了故障。因为那样的话，就没有风和旋风将地面的热送往上面，让地面可以冷却下来。

热量一般不会离开地面超过 10 千米，所以对流层也超不过 10 千米。我们的头还在平流层，脚却在对流层，脚热得受不了的同时，头却已经冻坏了。恐怕没有生物能在这种恶劣环境下生活下来。

幸亏事实跟科学家赫拉杰利图斯从前说过的那样，所有一切都是在流动的，包括空气也在我们上空流动。空气的流动将地面的热量带离到几千米的高空，那里是平流层的底部。在平流层，空气就只有依靠辐射热来过活了。

苏联的科学家们正在想方设法探求清楚，对流层里的空气是怎样移动的，平流层里的空气是怎样反射和吸收辐射能的。科学院院士科尔摩戈罗夫教授和奥布霍夫教授在解答第一个问题上面做出了很大的功绩，而阿尔美尼亚科

▲ 在平流层飞行的波音 747

学院院长阿姆巴楚明教授和库次涅楚夫教授在研究第二个课题上做出了巨大的贡献。

但是还有许多工作需要做了之后，才能在实验室来观察大自然里发生着的这些现象。所以，气象学家未来城里那个巨大的钢塔尖，就是负责管理和观察那没人管的空气层，这个空气层的变动是最厉害的，因而对预测天气有着非常重要的意义。

因为在做计算的时候，天气预报者们需要清楚地把空气怎样流动，依照怎样的规律流动想象出来。空气流动有它的规律，同样气旋也有它另外的规律。

塔就站在那些风的面前，它身上极为精细的仪器构成了它的触觉。即使最小的气息和气温变化，都逃不过它灵敏的感觉，观察者只需要在馆里工作台前盯着这些仪器，等着它们给你做报告就行了。

临近地面的空气层不仅仅是天气预报者们想了解的，因为雾也诞生于贴近地面的地方，而雾是飞行员们很关心的事情。如果雾笼罩了机场，飞机就不能降落了。地面和地面附近常常会邂逅寒霜和雾凇，当雾凇来临时，一定要及时将此消息通知给电话和电报联络员们，当寒霜来临时，同样需要将此消息及时通知农业家。为此，我们还需要研究一下地面附近的空气层，因为地面弄冷了它，所以它才冷若冰霜。

塔尖和无线电探测器工作时彼此帮助。塔尖观察的是"空气海洋"的下层，而无线电探测器观察的是"空气海洋"的上层。

无线电侦察器是大自然舞台上的扮演者，我们肉眼看不见的大戏，可是气象学家并不只想做观众，他们也想跟水文学家们一样，希望导演这出戏，能够支配大自然。

雾 的笼子

第一次世界大战时，发生过这样一件事：协约国在西线进攻时，恰逢下雨，进攻受阻。于是有人怀疑这是德国人捣鬼，也许这雨就是他们招来的，用一种我们现在还无从知晓的方法。

伦敦军部将英国气象机关的领导萧教授请来，向他请教："您认为有没有可能是德国人在前线把雨呼唤来了，以便阻挡我们的进攻呢？如果确是这个情况，那么也请您想办法帮我们阻止这场雨。"

萧教授回答说："在海洋上空空气中积聚一大片乌云，再将它们输送到前线，大自然需要耗费好几个星期的时间。如果把这项工作交给德国人，他们必须动员全世界所有的电风扇和发动机，从巴比伦时代就开始着手准备，才能做得到。"

▲ 乌云密布的大海

萧教授对天气了如指掌，所以他坚信大自然的力量是无与伦比的，没有人敢跟它叫板。

但事实上呢，真像萧教授说的那样，人们应该放弃支配天气的幻想吗？

要跟大自然单打独斗当然不切实际，但能不能改变策略，通过实验挑拨一下它们，让它们之间发生内讧，彼此冲突呢？我们没有办法叫寒霜停止它肆虐的脚步，但我们为什么不呼唤雾来帮助我们去保护果园？

靠什么去呼唤雾呢？派它的"亲戚"——烟去迎接它。在苏联农业展览会上就曾经这么做过。

米丘林果园有很多名贵的苹果树、樱桃树和梨树面临着寒霜的迫害。于是科学家在果园里布满了一种特制的烟。在烟的作用下，地面上的雾越来越浓，果园上空笼罩起一顶雾做的帐篷，保护它免受灾害。计算下来，产生这样一场雾的代价，远低于别的园主们有时用暖炉来给果树林烤火的办法，效果却要好得多。

然而请神容易送神难，我们呼唤来了雾，但赶走它却没那么容易，需要更聪明的战略，正面进攻绝不是跟天气搏斗时应该采用的策略。

曾经做过一个实验，在跑道上安装石油炉，来驱逐机场上的雾。当然如果舍得孩子——石油，肯定能套着狼——至少能驱散一片小面积的雾。但在露天生炉子，热气都被风带走了，这样做真的划算吗？

假设风速每秒5~6米，那么要在雾里扫出一条100米宽、1000米长、100米高的空中走廊，需要将近几百吨的石油。可以不用这个烤火的笨办法，而采用别的更划算的办法吗？

在双层玻璃窗之中放入装着氯化钙或硫酸的杯子，冬天的玻璃上就不容易凝霜，那么是不是也可以用一种东西来吸收水分？

不过这个方法估计也得不偿失，要在雾里清理出一片飞机起飞用的跑道，所需的空间要非常大，那得要多少吨这样的物质来吸收水分啊？

究竟是为什么呢？为什么我们没有办法来对付雾呢？因为我们缺少知识。

▶ 烟囱里的烟远
不能对付雾

我们对雾一知半解，看它像雾里看花一样模模糊糊。对雨也一样，我们和雨认识许多年了，现在也常常碰面，但对我们来说，雨仍旧是熟悉的陌生人。

在童年时，我问过大人什么是雾，以及为什么会下雨。大人回答："你试着往冷玻璃上呵一口气看看，呵的气被冷玻璃弄凉了就成水点了。"

我做了这个也许过于简单的实验，但我想已经足够支撑一个学说——雾和雨都是空气中的水蒸气冷却后形成的。

当我成人之后，我才惊奇地发现，这个学说与我想的不完全一样。仅仅冷却还不足以使水蒸气凝结起来。在澄清的空气里，放入 2 倍饱和含量的水蒸气，想要在 1 立方米空气里得到 1 滴水滴，估计也要 3 后面加 60 个零那么多。

除了要冷却之外，产生雾还需要什么？没错，那就是水蒸气的落脚点。我童年的实验里，玻璃窗就是水蒸气的落脚点，那水蒸气在空气中落脚点又在哪儿？

科学家们做了很多研究，最后他们的结论是：极其微小的尘埃是水蒸气的落脚点。从工厂烟囱里冒出的烟灰是它们的落脚点；被海浪抛出来，或者被风从盐田刮出来的盐的晶体也是它们的落脚点。小沙子、小尘埃、烟灰和盐的晶体，都是水蒸气的机场，水滴在那里着陆。这就不难解释，为什么我们把果园用烟笼罩起来时，就会产生雾了。

如果天空中的空气是绝对清洁的，地面不愿意把尘埃给它，海水也不愿意给它盐晶，那么云就永远不会出现在天空中。那时，雨不会有，河不会有，草不会有，树不会有，我们人类就更不会有了。如果天空永远没有云，那么那些晴朗的好天气也永远不会有人来欣赏它了。

这个例子生动地说明了陆地、空气、水和地球上的活物——生物界是紧密相连，唇齿相依的。

要想了解地球的生活，科学家们不但要关注它的海洋和陆地这些大个子，而且还要关注那些小个子——哪怕空气中最小的尘埃。因为尘埃与地球相差不过一步之遥。

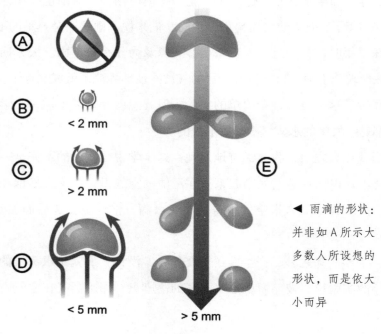

◀ 雨滴的形状：
并非如 A 所示大
多数人所设想的
形状，而是依大
小而异

Xunfu Renxing de Ziran
驯服任性的自然

于是，我们又给研究大气物理的科学家们抛出了一个新课题，那就是细微物理学，专门研究云或者雾中极小水滴的。观察尘埃上如何落脚刚刚产生的一个小水滴，这些小水滴又是如何翻滚打闹到一块儿，成长为一个大雨滴的。

所以人们要想随意呼唤来雨或阻止雨，一定要到他们把雨彻底弄明白了的时候。

要研究雨，深入地认识雨云，就要像抓海豚来做实验一样，捉住一片云，将它拴进笼子里。

在列宁格勒中央地球物理研究所里，我见过一只用来装雾的笼子。装海豚的笼子是没法装雾的，因为装雾的笼子要求非常庞大。

中央地球物理研究所用来装雾的笼子，其实是一座高10米的塔。塔的墙上有圆窗，透过窗子，可以看到里面雾的行动。

有人如果在塔里观察的话，他的身体就像一只炉子，会影响笼子里的温度，进而影响这个实验的结果。实验中的雾也会妨碍他观察清楚。

其实根本用不着人在塔里观察，因为安装在里面的仪器会透过电线把里面发生的一切事情都报告给他。只要看一看仪器上的指针，对于雾里有多少水滴，水滴有多大，水滴上有没有带电，如果带电的话是什么电等问题，就一目了然了。

要想观察，首先必须有观察的对象。那怎么才能把云或雾"捉"进塔里面？

在自由的天空里，使空气冷却，便会产生雾，塔里的空气怎样才能冷却呢？

我们采用这个方法：首先把空气压缩到塔里，然后给它打开一扇通往外界的小门。有点像将一个气鼓鼓的轮胎被刺破的情形，压缩空气猛然地膨胀起来，它就会冷却了。观察员透过小窗子可以看到，对面跟自己面前一模一样的小窗子，在浓浓白雾的遮掩下突然消失了。

雾非常短命，只有20分钟就开始老去——消散了。如果在塔的墙壁上涂上阻热层，空气没那么容易变暖，它的寿命便可以更长一些。

我们还没有先进到用笼子捉住平原上的雾做实验，或者指挥天空中漂游的白云跑到笼子里来的地步。

现在云就被我们关在塔里，就像呆在实验室的试管里那样。我们可以降低气压，把它"抬上"高空，最高可以"抬上"10千米的高空。

如果化学家们做实验，他会倒进一些溶液到试管里，再丢进一些盐粒到里面。我们也要加进很多补充材料到我们的大型铁质试管中。比如各种成分的烟和灰尘，或者相反，放一个过滤器，把空气里面的灰尘澄清。

这样的实验之前在一些小的塔里做过了。当空气快速膨胀的时候，云就产生了。但是如果空气事先过滤过，小水滴没有落脚点了，就不会有云产生。相反，放一些烟进塔里，马上又产生出来云了。实验就是如此这般地支撑着科学家们的假说。

如果是化学家们做实验，他们或者用手摇晃着试管，或者将里面伸入一根小玻璃棒搅匀。那我们怎么摇晃实验塔，怎么搅匀塔里的空气呢？

我们可以在里面安装一个飞机的螺旋桨，像搅和乳酪那样，来搅和云。看能否将小水滴搅和成大雨滴。

还有一个法子：用各种不同声高和大小的声波来振动小水滴，有的声音高得连耳朵都没法听见。

有时，雾被雷电一劈，雨就开始下了。但大自然发生这样的事纯属偶然，要想碰到还真不容易。但在实验室，这种现象我们可以随时创造，想让它发生它就发生，想让它发生几次就发生几次，并且还能测量、记录并计算。

科学家们做了一个实验，将人造云用一道人造闪电劈了过去，人造雨便从人造云中下了起来。

这到底是为什么呢？因为闪电让小水电充上了电，于是很多小水滴便合在一起，变成了大雨滴。

空气中的小水滴活蹦乱跳的，想让它们呆在一起真不容易，它们像一个个调皮的小皮球，常常彼此弹开了。但如果它们一个带正电，一个带负电，那就有一股力量推着它们相互吸引了。

要给云里的小水滴充电，可以用我们肉眼看不见的 X 线向它放射。X 线让空气里的分子充上电，变成了离子，它们和小水滴碰个头，小水滴于是也带电了。

所以，人们总是动用大自然这个方面的力量，去对付那个方面的力量。人们动员看不见的 X 线，去征服云和雾。

不过可惜的是，我们做的这些还只限于实验室，或者说是在试管里。这个大试管虽然有将近 3 层楼高，但相对于广袤的大自然，它也仅仅只是个试管而已。我们实验的材料也是人造云，而不是真正的云。

不过你别着急，从实验室里做实验，到大自然里做实验，往往只有一步之遥。

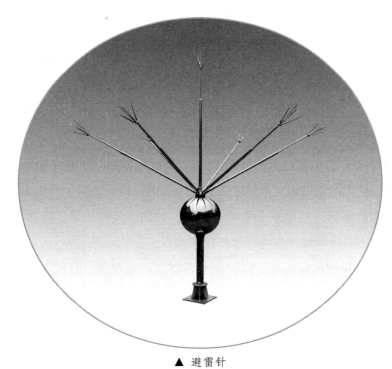

▲ 避雷针

显然，气象学家的未来城将要建造的，是一座进攻天气的场馆。将会有一座极高的塔出现在人工电离馆的上面。塔尖上有非常强力的放射器，它们能派遣出肉眼看不见的 X 线，到达 1000 米之远的地方。它仿佛是一个强有力的弹弓，把电离云——这个充满了离子和电子的空气弹到上面去。

　　你去过列宁格勒的基罗夫岛吗？那里的表演让人流连忘返。如果你去过，里面有这样一个表演：在带着降落伞的人身上，安装一个螺旋桨朝上的飞机发动机，发动机像香槟酒瓶口蹦起来的盖子一样抛向天空，然后优哉游哉地降落下来。

　　气象学家的未来城里，将来也会有这种弹弓在工作，但它是为了科学工作，而不只是供爱刺激的人解闷儿。

　　研究天气的科学家们该朝哪方面努力，或者他们希望做到些什么？

　　最简单、最容易的事，就是给疗养院或疗养地的人们把空气电离。比较难的事，当然是和雷雨进行搏击。人们发明了避雷针，雷电被战胜了。人们已经可以预测雷雨，那能否在雷电出现之前，就把它扼杀在襁褓之中，根本不给它面世的机会？或者即使它能出生，也在它通过空气之前就将它变得软弱和平静。

　　假如这个能实现，那么将有多少人感谢气象学家们呀。高压输电线路的工程师们是首先要道谢气象学家的，因为雷雨让他们感到十分忧虑。

　　最难的事情当然是从云里呼唤雨了。我们已经知道了，要做到这个，需要很多极小的带电粒子作为小水滴的落脚点。

　　总之，我们的实验不能仅仅限于雾塔，而要在更广阔的天地里，与大自然不屈不挠地搏斗。

故事**的**结局

一般作者讲述一个虚构故事的时候，都有自己的艺术规则，在故事开头，他会向读者描述地点、时间和出场人物。然后，他会在书里接着描述：战斗如何在出场人物与大自然或团体之间展开。战斗越来越激烈、升级，一直持续到真相大白的最后一分钟。这场战斗的结果是此方胜了，或者彼方胜了。所有谜底全都解开了。书最后的结果是，我们同情的那些主角们可能是幸运的，也可能遭受了不幸。

这本书与那些艺术规则是完全不同的，因为这里面不是叙述虚构的故事。作者根本不用虚构，而且也不觉得没有虚构一个故事有什么不好的，因为有时真实的故事比虚构的更奇妙。

你不会在小人国的游记里找到雾的笼子的，也不会在任何一本小说里找到这个杳无人烟的荒岛上，有一个机器人鲁滨孙会自己广播天气情报。

水文学家和气象学家的两座未来科学城，也都不是我幻想出来的。这里的工程师们比小说家们更善于创造发明，但小说家们却更幸运一些，因为他们有机会给自己的小说一个完整的解决。

怎样才能不加任何虚构地把人类与大自然之间真实的战斗故事叙述完呢？在头几章里，此书中的主人公还那么无知、纤弱、孤立无援。每一下雷声都让他心惊肉跳，每一次出海之前，他都要向大海之神纳贡献物。

渐渐地，他开始了解天气是什么了，那些肉眼瞧不见的东西他也开始学会了。他明白，天气并不是代表专制独裁的胜利者，它们也必须服从大自然的法则。

再后来，人们越来越有控制水、风和天气的能力了，他开始预测洪水和风暴，虽然不是每次都百分百正确。

眼看这本书就要写完了，但我们却还看不到故事的结局。实事求是地说，故事才刚刚接近解决问题的门槛。

　　土地、空气、水和阳光共4种自然要素已经在帮人们工作。土地给人们衣服穿，也给人们建筑材料建造房子，以及给机器燃料从事生产。风推动着磨坊，也推动着风力发电站的风车轮。河水推动着水力发电站的水轮机。太阳帮我们晒干水果，抽水和提炼硫磺。就连大海也都在帮我们做着有益的事情。

　　如果你有机会去参观黑海水文物理研究所，在那里你可以看到一个小小的，利用海浪的抽水筒。用炮弹壳做的圆筒安置在石头之间，圆筒里有个活塞，可以在圆筒里来回运动，实现抽水。波浪撞击着连接到活塞上的圆盘，推动活塞。

　　人们还发明了很多利用海浪的其他机器，海可以将浮标上下推动，从而转动轮子做事。

▲ 潮汐发电站

人们还发明了潮水发电站，在那里，涨潮时将水留在贮水池中，等潮水退时，再把水放出来，让它推动水轮机做工。

海是多么无拘无束，可是它也不得不服从人们的意志。人们还设法征服天空中漂浮着的云，但在这件事上，还没有什么建树。因为那片小小的，呆在雾笼子里的人造云，比起气流随身携带之物——一望无垠的真正的云层来，简直不值一提。

我们种植森林绿带，从而保护田野免遭热风的侵袭。我们培植耐旱的植物，通过灌溉和存雪增加土地的水分储藏量，及时正确地耕种，从而成功地战胜旱灾。

在顿河和伏尔加河之间的砾石草原上，将田地用树林这个屏风分隔成一个个网格。干燥、枯瘦的草原在树林和科学种草的配合下，变成了肥沃富饶的土地。即使在极其干旱的年份，这里都会盛产小麦和黑麦。

人们往往通过科学的方法来改造土地，跟旱灾做不屈不饶的斗争。那我们能否把空气循环的轮子也推动起来，命令携带水分的气流飞向旱区呢？这个暂时还不可以，但将来一定可以实现。

我感到很遗憾，离解决问题的大门还很遥远的时候，我的故事就要讲完了。但还没有故事结尾，没有个了断，怎么能把这本书结束呢？没办法，我只好幻想一个结尾了。每当事实不足的时候，我们往往就会请想象力出山。

我把想象的，人与天气斗争的结局说一说。我会尽量让我的预测符合事实——让去未来旅行的飞机，在现实存在的机场起飞。

关于水文气象观测站的内容，在这本书里说了很多。我们很容易想象得到，在海洋和陆地上，高空和水底，布满了自动记录的观测站。这些观测站的工作有严格而成熟的规律，工作人员采集的信号将直接输入一个能预测天气的复杂的电脑里。

天气预报电脑将输入的资料做必要的分析和计算，然后提供给天气预报者做参考。电脑出色地完成了它的任务，再往后就只能仰仗天气预报者的技术和智慧了。只有他才能将天气那些微妙的特质挖掘出来，包括所有局部的、微小的细节。

预算好的天气预报将录制在磁带上，当你想了解明天的天气时，你只要拨个电话，就可以听到一个娓娓动听的声音："明天7点，莫斯科将下3毫米的雨。"

我一开始说过的，我们要从现实存在的机场飞往未来，那么现实存在的机场又在哪儿呢？

自动的无线电观测站已经有了，天气预报实际上也已经能做了，帮助人们做复杂计算的电脑也已经有了，预测下1年潮水的电脑也有了，水文学家们说，操作这部电脑比开汽车容易得多了。有了上述这些环节，整个链条的雏形我们就不难想象出来了。

为了更接近真实，我首先还是想提醒我的读者们，预测天气的电脑是很难发明的。

想当初，为了解答关于潮水的问题，就研究了好几个世纪。要知道关于天气的问题比潮水的问题还要复杂得多。

潮水主要只和地球、月亮和太阳有关。但是跟天气打交道，有如几千枚棋子摆在棋盘上，有的棋子叫气流，有的叫海洋，还有的叫河流、山脉、火山、森林、田野、草原、海冰、沙漠……真是有数不清、道不明的关系，所以天气的变化也就无穷无尽了。

对潮水问题的解答，我们是在跟宇宙和天体打交道。正如某个科学家所说，"宇宙均匀地过着刻板的生活"，天体的行动是一成不变的，它的行动往往只源于为数不多的几个原因。没有任何障碍物会出现在行星的旅途中，迫使它改变自己的方向，或者掉头往回走。

天气却有着毫无规律的生活方式，影响它的原因也纷繁复杂——有地面上的原因，也有天空中的原因，有些原因是人们永远都难于了解或预测到的。

有节奏的潮水游戏，如果有了天气的参与，也会被搅和得完全没规律了。风可能驱赶着水冲向岸边，于是潮水的高度就会比预测的水位高。相反，如果风把水驱离海岸，潮水就会比预测的水位低。

怎样才能准确预测将来要刮什么风？我们有可以预测1年潮水的电脑，但预测哪怕一昼夜的风都非常艰难。所以我想创造预测天气的电脑是非常难的，而且要做出绝对准确的预测，就更是难上加难。

如果在预算的时候，不得不抛弃那些次要的，偶然的，无法预料的因素，而只抓住那些主要的，便于掌控的因素，那么就不可能有百分百准确地预测。

当然时间越往后，预测的准确性也会越高。现在，24小时天气预报的准确性已经达到80%~90%了，河流短期水位预报的准确性已经达到95%~98%。所以要再增加准确性，每1%都很难。

但现在还不能预测的事情，他们将来有可能预测。将来我们不但知道会不会有雨，而且还会知道要下多少雨。再也不用说"天气将会转暖"这样的话，取而代之的是，将从海洋向陆地，或从北向南转移多少热量，这些热量将会使气温抬升多少度。

大自然的收入支出明细表会展开在我们面前，于是，我们很容易能预算出来，从这个户头会转多少热或水到那个户头上去。将来地球这台机器他们能否亲自驾驭呢？还是让我们从实际存在的机场去搭乘飞往未来的航班。

制造天气和影响气候的是太阳、大地、空气和水。我们没法左右太阳，也不好管理空气，但是大地和水却尽在我们掌握中。很久以前，人们就开始改造它们，引水灌溉沙漠，砍伐森林，将沼泽地排涝晒干。

如果沼泽地晒干了，空气就不会那么潮湿了，寒霜也不会经常光顾那里了，因为用于蒸发水分的热量就不用那么多了。

在西伯利亚森林，将森林砍伐以后，土壤会变得暖和，地面冻结得也不会那么长久了。

伏尔加草原的森林带，能保护田地免受夏天的干旱和冬天的酷寒。

在中亚，山上的雪被夏天的太阳晒化，雪水透过数千条小溪和瀑布流下来汇聚到河里，于是造成夏天河流洪水泛滥。水从山顶流下来，在进入河道之前，人们便用无数条水渠将它们导流到田野里灌溉庄稼。水渠两旁栽满树木，它们可以挡风，充当着保护着水的守卫，不让它们被炎热的太阳掳去做礼物送给空气。

▲ 西伯利亚森林的雾凇

灌溉的沙漠中出现了绿洲，天气也不像以前炎热了，空气也不像以前那么干燥了，风也不像以前沙漠里那样肆虐了。于是，串起了一条长长的链条：

太阳—雪山—河流—人类—水渠—绿洲

中亚的河流和沙漠都是气候这个原因造成的结果，人们现在却命令河流去灌溉沙漠影响气候。原因和结果首尾连在了一起，成为一条闭环链条。气候本来是一切的根源，现在又成了另外一个根源作用的结果。

就是这样，人们让大地改头换面，这个地方的气候和天气也就随之改变了。

像雷实斯克海、莫斯科海等，每一个新修的水库，都能改变它附近地区的气候。如果你去请教气候学家，他一定会告诉你，这些不会改变所有地区的气候，而只能改变某一个局部地区的小气候。

所以我们可以大胆预测，改造苏联大区域内气候的工作，将会在未来全面展开。科学家们已经在着手编制这个宏伟的计划了。

以前，沃叶科夫就设想，假如将里海和浅浅的卡拉－波加兹－戈耳湾隔离的话，将会有什么影响。这个海湾掠夺了自己海里的水和盐，水被蒸发了，盐却留在岸边。

假如把卡拉－波加兹－戈耳湾从里海隔离开来，里海的水和盐将会比以前更丰富。因为里海的收入还跟以前一样，但水的支出却少了。所以海水水位将会增高，海水也会比以前更咸了。水越咸，里海成冰的日子就会越晚，所以秋天和冬天时，里海上空的天气就会比以前暖和多了。

有一个更大胆的计划出现了，将直布罗陀海峡和达达尼尔用堤防隔开，利用大海来改造非洲气候。

地中海面每 1 平方米的蒸发水量，要大于邻居大西洋和黑海。所以地中海水位比邻居们都要低，比大西洋低 30 厘米左右，比里海低 50 厘米左右。如果在它们之间修筑堤防，就可以获得能量，利用这些能量足以将 3/4 的撒哈拉沙漠改造成绿洲。

我很难预测将来这件事情会不会成功。如果说撒哈拉沙漠离我们非常遥远，那我们自己的沙漠也不少。苏联科学家们对怎样彻底战胜旱灾研究很长时间了。伏尔加草原集体农庄的主人们也在同旱灾做着不屈不挠的斗争。

▲ 撒哈拉沙漠

水从海洋，从西方流过来。在离岸边很近的地方，水的一部分变成降雨，重新回到了海洋的怀抱。一部分从土地和树叶上蒸发到空气中，继续东行。这样的行为在旅途中将会循环往复，所以越靠近东边，水就越来越少了。于是苏联伏尔加草原上的水远远不够用。

那么怎样才能左右水的循环方式，让沿途的水尽量少地往海的方向回流，而是大部分都往前行？有人提出了这样的计划，想办法加强西部这个水比较多的地区的蒸发能力，具体是在这里保护森林，加强植被。这样树木就像一个抽水筒一样，用树根把水从地里抽取上来，再通过树叶蒸发将其送给空气。

东南部的水也很少，就得想办法留住雨雪，让田地里的雪保留起来，暴雨下的水用堤防拦蓄。

于是，干旱的草原将会流过大量的水。相当长的一段时间过去之后，那里的人们估计都忘了旱灾是什么模样了。

但是很多人反对这个计划，他们说事情可没这么简单，有时候地球的机器比你所看到的样子要复杂得多。

比如风并不是只会从西往东刮，有时也从北往东北刮，如果这个方向的风占据了主动，水分就被运输到另外的地方去了。

即使水分被成功运输到了沙漠和草原的上空，那也并不代表它会化作雨水滋润那里的生灵。沙漠上空的天气非常烫，就像糖可以融化在开水里那样，云也会在里面融化。苏联的沙漠多靠近海，水就在身边，可是它却又得到了多少水呢？而且这个计划还有很多别的不同意见。

难道就只有这一个备选计划吗？以后将会有研究得更透彻，更有理由的新计划。不是将来，而是现在就已经有新的备选计划了。

为此，我们不讨论伏尔加了，接下来讨论一下远东。那儿的灾难正好相反：那儿的人没有因为天气太热的麻烦，而是为天气太冷而苦恼。海参崴的地理位置不会比雅尔塔更靠北，但它的冬天却比莫斯科都要寒冷。

冰阻挡着鄂霍次克海里轮船的航线。整个夏季，沿岸都会有雾，所以那里经常看不见太阳。我们知道没有太阳光顾的地方，天气都是很冷的，五谷自然不会丰登，有的地方甚至根本没办法种植五谷。

如果你看得懂气候图，你一定能看到那些异常的等温线。7 月的等温线从摩尔曼斯克贯穿到伊加尔卡，从莫斯科贯穿到雅库次克，穿越苏联全境。但当它到远东时，却突然拐了一个弯，从雅库次克拐到海参崴，朝南方弯去。所以海参崴虽然只有北纬 40 多度，但它在夏天时，还没有比它纬度高 20 度的雅库次克暖和。

那么如果想要把等温线弄直，该用什么办法呢？怎样才能让海参崴成为远东的雅尔塔，让位于黑龙江上的庙街成为不冻港呢？

大家关注这些问题已经很久了。还在 1894 年时，科学家们就提出过一个这样的计划，他们建议把大陆和库页岛中间的堤把鞑靼海峡隔开。那样，寒冷的鄂霍次克海流里的水，就不会流进日本海。没有北方的寒流，庙街与海参崴沿岸的气候就会暖和多了。

但是当时肯定是不可能实现这样大规模的计划的。即使那时真的实现了，估计也没有多大的效果，马加罗夫将军发现了这项计划里一个难以察觉的谬误。

在鞑靼海峡筑堤坝的目的，是为了挡住鄂霍次克海里的寒流。但马加罗夫将军发现，这种寒流在大自然根本就不存在。不但过去没有，现在没有，而且以后也不大可能有。更切合实际的情况是，鞑靼海峡有一股由南向北，而不是由北向南的水流穿过。

有黑潮暖流进入日本海，所以日本海面比鄂霍次克海面要高。那为什么鄂霍次克海水温那么低呢？

马加罗夫将军认为过错主要在黑龙江。黑龙江的入海口是一个非常狭窄的海湾，所以流速很快的水流，像一扇大门一样挡住了日本海中水流的继续北上。

于是，一个新的计划诞生了，让黑龙江流向别的方向，不在鞑靼海峡入海，而在更北边的鄂霍次克海入海。于是这样暖流就可以畅通无阻地继续北上。这样远在勘察加半岛沿岸的气候都会变得暖和多了。

但这个计划里面同样忽略了一个东西——季风。夏天的季风驱赶着海水从大海赶向陆地，旋转的地球将水流转到右边，所以海水被赶入鄂霍次克海北角。寒流从那里沿着鄂霍次克海岸，从北往南流。浓雾笼罩在寒流的上空，所以太阳只好躲起来了。

显然，如果我们要让沿岸的气候变得暖和起来，就必须战胜这一股寒流。如此艰难的事情，我们有办法做到吗？工程师们的回答是肯定的。他们的方法是在勘察加挖掘一道运河。那样，虽然把冷水驱赶到鄂霍次克海的季风并没有改变，但水不会沿着海岸南流了，而会顺着运河这条自由自在的水道，往白令海流去。沿岸的寒流没有了，日本海的暖流穿过鞑靼海峡就没有任何障碍了。

等温线将按照人们的意志，把身子挺直起来。沿岸的大雾永久地消失了，阳光朗照，柳树和果园的彩衣将把大地打扮起来。水流将运走鞑靼海峡的泥沙，庙街的水会变得更深，而且也将会成为不冻港了。

这个计划里会不会还有其他纰漏呢？这需要严格检查和仔细计算。但是这些问题是能够计算的。瞧一瞧，我们已经能做哪些工作呢？这种算题和计划是由诚实的工程师们和教授们科学计算出来的，它们可不是幻想家和虚构小说家们能幻想出来的。

既然如此，我们不妨想象一下在未来 5 年计划有些什么新项目，如：

改造远东的气候。

将鄂霍次克海的等温线弄直。

湿润中亚的沙漠。

前面我们已经说过，改造大地和水网，比改造空气要简单。人们如果想控制空气的环流，势力实在还不够强大。

如果你要让地球机器循环的轮子停下来，那么比徒手拉住飞驰的火车还要困难得多。难道我们一直都会这么纤弱无助吗？

法国科学家奥古斯特·孔德曾经这么说过："我们永远也不会弄明白天体化学的。"但仅仅过了 8 年，光谱分析发明后，化学家们就仿佛可以将太阳放入曲颈瓶了一样，有足够的信心去研究太阳的成分了。

控制天气的情形，有可能与发明光谱分析有异曲同工之妙。不久前，作为大学课本的《气候学讲义》还这样说道：

"我们现有的知识和技术发展阶段水平，通过直接对整个大气环流施加影响，来达到人工改造气候的做法还不能现实。"

这是著名的苏联气候学科学家鲁滨斯坦教授于 1940 年写的。但 1940 年后，情况就变了。之前的人们还没有控制天气的力量，但现在，他们已经寻找到这样的力量，迟早有一天，他们让大气环流能够按照自己的意志随意改变。

科学家们正在想办法计算，在寒流的发源地把寒流先烤暖，需要花费多少原子能？创造人工气旋需要花费多少原子能等这些复杂的问题了。1946年的《气象学与水文学》综合杂志第二期上，就曾经刊登过一道这样的算题。

据论文作者柏斯土赫回忆说，1942年的北极气团寒流，从卡拉海起源出发，从东北到西南贯穿苏联全境，经过5天旅程到达格鲁吉亚。那次格鲁吉亚的农民遭受了很大的损失，寒流导致格鲁吉亚好几天的大风大雪，很多橘子树和橙子树都被寒气和雪给冻死了。

这样的灾害要想设法免除，就必须人工改造气流，让它们的温度提高20℃左右。但是要做到这个，差不多需要耗费54吨左右的铀。

烤暖寒流的气流算是对它的正面进攻，那有没有迂回进攻的方法呢？能不能借助大自然的力气，只要轻轻推动一下，剩下的工作都由它们自己来完成呢？

作者认为这是完全没问题的。可以通过改变天空中的低气压区和高气压区的方法，来迫使寒冷的气流改变旅程。

比如，在北部卡拉海以北的地方，制造一个人工气旋，沉重的冷空气就被气旋形成的低气压给吸引过去了。旋转的地球也把气流甩到右边，也就是东边去了，所以寒流不会继续西南之行，而会改变自己的航向了。

那么怎样才能制造出人工气旋呢？不再需要54吨铀了，有30~40千克铀235就足够了。广阔区域里的空气被原子能的强大能量烤暖，向上冲去的暖空气将直达平流层。

于是旋涡形成了，比较冷的外围空气旋转着卷入中心。就这样，人们不但要考虑支配天气，还要想着拿铅笔计算一下，为了支配天气，需要耗费多少能量。

不久以前，我跟一位中央天气预报研究所的领导一起聊天，他告诉我，已经在认真地考虑一些规模宏大的工作，来让它们影响大气的运作了。

还是那天早上，我在报纸上看到，在对未来战争做"演习"时，美国人在太平洋里启用了原子弹，珊瑚岛港湾里的舰艇在原子弹巨大的威力下飞灰烟灭。

在中央天气预报研究所某个办公室桌前，我听到了一个故事，是关于将来利用最强大的一种自然物——原子弹，来为人类造福的。

我听着听着，不由自主地在脑海里想起了这样一幅画面——和大自然进行大规模战争的宏大画卷。

我看见飞行大队在无线电的指挥下，向北飞去，目的是将那里的空气用原子能烤暖。

沸腾的海面向上冒着巨大的水柱和水蒸气，

▲ 原子弹爆炸

融化的冰山同样蒸发着，昨天大风大雪还在嘶吼的地方，今天却已下起了暴雨。

紧接着，我看见冬季的冰刚刚化解出一大片一望无际的水，在遥远的视线里，冰原的残部放弃了抵抗，在苟延残喘地融化着。轮船从北边的港口出发了，他们在畅通无阻的白冰洋里一路前行。

我还看见别的一些飞行大队正往北大西洋飞去。他们接到去气流的发源地突袭的任务，把它的恶劣品质改造成我们喜欢的品质，然后根据我们的需要派遣它到四面八方去。

我幻想着，我来到了未来的管理天气参谋本部，无线电侦察器的幕前，只有气象学家自己站在那里，他们盯着气流的行动，并可以对它们操纵自如。

其他人则在编制着新的偷袭自然的计划和别的作战计划。

我还瞧见了水文学家，他们的头伏在地图上，在研究延长北方河流航运期，编制可以航运整个冬季的计划。隔壁房间则正在讨论调节中亚山里春天融雪的另外一个计划。

我从这个房间走到那个房间，他们都在忙碌，所有的人们都在忙于计算和创造未来的天气，而且也计算着那些希望创造出来的天气。

这些就是我想象出来的全部情景，在听了科学家们在现实中所讲故事之后。我清清楚楚地看见了，将来某一天，任性的自然将对人类言听计从。

人们给乌云发出号令，向它招一招手，乌云便召之即来。人们给大海发出号令，也只需挥一挥手，暴风浪就会挥之即去，消失得无影无踪。人们转身面向沙漠，就好像施展了一个魔术，花朵和果实便铺满了整个沙漠。这在不远的将来，也许不再是神话。

属于自然界巨人的人类，他主宰着自然，让大自然对他俯首称臣。